한국인을 위한
슬기로운
위스키생활

한국인을 위한
슬기로운
위스키 생활

초판 1쇄 펴낸 날 | 2023년 5월 19일

지은이 | 권동현, 김유빈
펴낸이 | 홍정우
펴낸곳 | 브레인스토어

책임편집 | 김다니엘
편집진행 | 차종문, 박혜림
디자인 | 이예슬
마케팅 | 방경희

주소 | (04035) 서울특별시 마포구 양화로 7안길 31(서교동, 1층)
전화 | (02)3275-2915~7
팩스 | (02)3275-2918
이메일 | brainstore@chol.com
블로그 | https://blog.naver.com/brain_store
페이스북 | http://www.facebook.com/brainstorebooks
인스타그램 | https://instagram.com/brainstore_publishing

등록 | 2007년 11월 30일(제313-2007-000238호)

오 해 가 득 했 던 위 스 키 의 모 든 것 들

한국인을 위한 슬기로운 위스키생활

권동현·김유빈 지음

Contents.

Prologue.

위스키장이 김유빈

나의 위스키 이야기는 아직 진행중.

대학생활을 시작하면서 선생님으로서 다양한 경험을 해보고 이를 전달해주고자, 정말 많은 것들 것 경험하고자 하였다. 그러던 중 2010년 학교 후문에 있던 바에서 칵테일을 배우고, 위스키클래스에서 위스키를 처음으로 맛보게 된 자리. 잭 다니엘스, 가쿠빈, 조니워커 블랙, 아드벡. 어째서인지는 모르지만 아드벡이라는 술에 이끌렸고, 첫 입을 가져가게 되었다. 위스키를 처음 마셔본 사람으로서 피트 위스키의 그 치과 향과 혀를 쪼그라만들게 도수는 뭐지 이건? 이라는 생각. 하지만 중독되어버린 위스키의 매력. 수학교육과 학생이 타칭 술학교육과로 전과하게 된 순간이다.

지금 돌이켜보면 철이 없었지만, 학교 사물함에는 전공 서적보다 남대문에서 사온 위스키와 칵테일 재료들이 보관되어 있었고, 쉬는 시간에 친구들에게 만들어 주던 기억이 아직 생생하다. 당시에는 위스키를 다양하게 맛볼 수 있던 곳과 학생 신분에서 비싼 돈을 주고 마시기가 어려웠기에 수입사의 시음회와 위스키 모임들에 참가, 운영하기도 했다.

시간이 흐르고, 직접 술을 담고 증류하기에 이를 때쯤 어쩌다보니 주류 업계로 발을 들이게 되었다. 여러가지 화이트 스피릿과 위스키 브랜드들을 만나 다양하게 접하게 되고, 더욱 빠져들게 되어 본격적으로 위스키를 찾아 가까운 일본과 대만으로 떠나기도 하였다. 그 동안 위스키 시장은 점점 커져갔다.

그리고 마침내 모아둔 적금을 깨고 2019년 가을 스코틀랜드로 여행을 떠나게 되었다. 9박 10일의 짧은 일정. 하지만 내가 병과 잔에 담긴 위스키로만 보아오던 그곳들을 찾아 제대로 둘러볼 수 있는 곳. 스코틀랜드로 가는 비행기 내에서 무라카미 하루키의 《위스키 성지 여행》을 읽으며 나도 업계에 있지만 성덕이 되는구나. 많은 증류소들을 다녀보게 되었지만 스코틀랜드에서의 기억은 더욱 잊지 못한다.

태어나서 처음 맛본 위스키 '아드벡' 증류소에 가보기도 하고, 마침 그 기간에 신제품을 런칭하였기에 증류소 앞에 줄을 서서 전세계에서 7번째로 제품을 사고 맛을 보기도 하였다. 그리고 한국 위스키에 대한 소식을 접하게 되었다. 이름은 아쉽게 기억나지 않지만 라프로익에서 만났던 남미에서 온 위스키 여행객은 브룩라디에서 다시 한번 만나며 나를 함께 초대하여 VIP 투어를 하게 되었고 한국에서 왔다고 하니 한 가지 이야기를 들려주었다.

'한국에도 위스키 증류소 이제 생긴다며?'

'어디? 부산 얘기하는거야?'

'아니, 가평인가 양평인가 짓는다고 얘기 들리던데?'

'???'

스코틀랜드 머나먼 타지에서, 남미에서 온 위스키 여행객이 한국에서 위스키 증류소가 준비되고 있다는 사실을 알려주었다. 믿기지 않았고, 여행을 마치고 한국에 들어와 찾아보았을 때는 당연하게도 정보가 없었다. 짓고 있는 중이었기에. 그렇게 소식을 기다리다가 그 소식의 증류소에 합류하여 한국 위스키를 만들며 또 다른 새로운 위스키 이야기를 만들어 가고 있다. 앞으로 나의 위스키 이야기는 또 어떻게 진행이 될까?

이 책은 위스키에 대한 아트 포스터를 제작하시며 연락을 주신 권동현 작가님을 통해 시작되었다. 부족하지만 자료에 대한 도움을 드리고, 인연이 되어 감사하게도 이렇게 책을 함께 쓰게 되었다. 나의 위스키 이야기는 14년이지만, 위스키의 역사는 200년이 넘어선지 오래다. 그렇기에 200년의 역사, 현재 위스키의 모습들, 미래의 위스키들. 모두 담을 수는 없다. 또한 많은 위스키 책들이 나오고 있지만, 위스키와 계속 함께 해오고, 업계에 있는만큼 보아온 오해들, 그리고 우리가 가지고 있는 고민들을 조금 더 다양한 방향에서 소개를 드리고자 했다. 조금이나마 읽으시는 분에게 신선함을 주고 도움이 되었으면 한다.

끝으로, 이 책을 쓰기로 마음 먹은지 어느새 반년이 지났다. 처음 글을 쓰는데 너무 오랜 시간이 걸렸지만 기다려주신 출판사와 권동현 작가님, 응원 해주시고 도움을 준 사랑하는 가족, 위스키모임 멤버들, 수입사 혹은 증류소에 흩어져 계시는 위스키 업계 지인들, 바텐더분들 한 분 한 분에게 고마움을 전한다. 또한 인터뷰에 응해주신 5분의 마스터분들에게 마음 깊이 감사를 전하며, 인터뷰가 성사되게 도와주신 브랜드 관계자들과 스코틀랜드에서 만났던 인연들에게 특히 감사를 전한다.

2023년 4월
따뜻한 오후 퇴근 후 위스키 한 잔과 함께 글을 마치며
김유빈

Prologue.

비주얼스토리텔러 권동현

모든 분야에는 각자의 히스토리가 있습니다.

안녕하세요. 가치 있는 이야기를 한 장으로 표현하는 비주얼스토리텔러 권동현입니다. 다양한 이야기를 누구나 편하게 보고 즐길 수 있도록 한 장으로 보는 시리즈를 제작하고 있습니다. 개인 작품으로 '한 장으로 보는 조선왕조실록', '대한민국 근대사', '랜드마크 카 디자인 100' 등이 있으며, 세상의 모든 가치있는 이야기를 비주얼스토리텔링 하자는 마음가짐으로 비주얼스토리텔링 기법을 통해 흥미롭고 의미있는 분야를 찾아 새로운 프로젝트를 만들어가고 있습니다.

저서로 서울의 수많은 국보와 보물을 한 권에 볼 수 있는 《집에서 찾아가는 서울의 보물》, 인물의 삶을 한눈에 볼 수 있는 비주얼스토리텔링 위인전인 《비주얼로 살아나는 이순신》, 《비주얼로 살아나는 김구》 시리즈를 만들고 있습니다.

생명의 물, 위스키만의 매력

술을 즐겨 마시긴 했지만, 그저 술자리 분위기를 즐겼고 술 자체에 대한 깊은 탐구는 하지 않았습니다. 직접 위스키를 찾아보고 즐긴지는 오래되지 않았습니다. 아내가 조주기능사 공부를 하게되면서 저도 옆에서 위스키에 대한 내용을 찾아보며 하나씩 맛보기 시작하며 조금씩 알아가게 되었습니다. 알고 마시는 술은 더 깊은 여운과 좋은 시간을 선물해주었고, 위스키에 대한 매력을 느끼며 '한 장으로 보는 위스키의 역사' 포스터를 제작하게 되었습니다.

위스키 역사를 찾아보며 위스키란 술은 다른 주종들에 비해 뭔가 모를 멋이 있었고 위스키의 이야기들 매력적으로 다가왔습니다. 작업한 내용들의 조언을 받기 위해 위스키업계에서 활동중인 김유빈 매니저를 만나 더 많은 내용을 알게 되었고 위스키를 제조하는 입장에서의 관점으로도 볼 수 있었습니다. 언제나 새로운 분야에 대한 프로젝트를 제작하는 과정에서 그 분야를 알아가고 전문가를 만나는 것은 큰 기쁨과 배움을 얻습니다.

'한 장으로 보는 위스키의 역사' 포스터가 완성되고 나서 이제 위스키를 마실 때 누군가에게 위스키에 대한 이야기를 조금은 할 수 있게 되었습니다. 하지만 알면 알수록 깊은 위스키의 세계에 대한 호기심이 커졌습니다. 그래서 책으로 더 많은 위스키의 이야기를 전달해보자는 생각으로 다시 김유빈 매니저에게 연락하였고 흔쾌히 수락해주셔서 함께 《한국인을 위한 슬기로운 위스키생활》을 만들게 되었습니다. 현장에 몸담고있는 김유빈 매니저와 함께라면 역사뿐 아니라 위스키를 즐기는 방법은 물론, 위스키에 대해 궁금한 점과 위스키 제조 현장의 이야기도 함께 전달할 수 있다고 생각했습니다. 비전문가로서 위스키 분야에 대한 책을 만드는 과정은 어려웠지만 김유빈 매니저 그리고 출판사 에디터님과 함께하여 무사히 완성할 수 있었습니다. 《한국인을 위한 슬기로운 위스키생활》은 파트1, 파트 2로 나뉘어 있으며 저는 파트2 위스키 역사에 대한 내용을 주로 다루었습니다.

중세 시대에는 생명의 물이라 불리며, 술보다는 약으로 인식되었던 위스키는 맥주나, 와인과 같은 술들에 비해서는 역사가 길거나, 기록이 많지는 않지만, 세계사의 흐름 속에서 수많은 고난과 발전의 역사를 거쳐왔습니다.

책에서는 주로, 위스키에 대해 많은 기록이 전해져 오는 스코틀랜드와 아일랜드, 미국 위스키 역사와 100년 전 우리나라에 들어온 이후, 다양한 우여곡절을 겪으며 성장하고 있는 우리나라의 위스키 역사도 담았습니다.

《한국인을 위한 슬기로운 위스키생활》을 통해 생명의 물이 지금의 위스키로 자리 잡기까지의 흥미로운 이야기를 편하게 즐기며 보시길 바랍니다. 위스키를 마시게 되는 여러 자리에서 안주로써 괜찮은 이야기가 될 겁니다. 저도 이제 세상에 빛을 본지 150일 된 딸과 20년 뒤에 함께 음미할 위스키를 고대하며 《한국인을 위한 슬기로운 위스키생활》이 위스키와 좋은 시간을 시작하고자하는 사람들에게 작은 도움이 되었으면 합니다.

2023년 4월
오늘 저녁 위스키 한 잔을 기대하며
비주얼스토리텔러 권동현

첫째 날

슬기로운
위스키생활을
위하여

시작 전에

위스키의 세계로
들어가며

위스키의 세계로 들어가며
주류 시장의 변화와 슬기로운 위스키생활을 위하여

주류시장은 과거부터 지금 이 순간까지 계속 커져가고 빠르게 급변하고 있다.

2016년 필자가 주류 업계에 본격적으로 첫 발을 들이고 일을 할 때, 주류 시장의 트렌드가 아닌 하나의 유통 채널로서 '홈술Home Consumption'에 대해 다룬 적이 있었다. 그 전까지는 크게 ON-TRADE(호텔, 레스토랑, 바 등), OFF-TRADE(대형마트, 편의점, 주류전문판매점 등), E-COMMERCE(주류 온라인 상거래) 크게 3가지로만 시장을 구분을 하였다면, OFF-TRADE에서 구매를 해서 집에서 소비를 하는 문화가 확대되고 조금은 다른 양상을 보이면서 주류사에서도 하나의 유통채널로서 전략을 기획하고 있다.

ON-TRADE
바, 레스토랑 등

OFF-TRADE
주류판매점, 마트, 편의점 등

E-COMMERCE
온라인 주류 구매

HOME CONSUMPTION
집에서의 소비

1인 가구의 증가는 혼술, 소용량 그리고 집에서의 홈술로 이어졌고, 조금 더 돈을 지불하더라도 만족감이 높은 '가심비' 상품들을 고르면서 소주, 맥주보다는 와인, 위스키에 대한 소비 경향을 보이고 있다. 또한 낮은 도수를 찾고자 하는 니즈도 있기에 위스키 업계에서는 위스키 그 자체를 즐기기도 하지만 믹서를 섞어 하이볼 칵테일로 만드는 트렌드도 만들어지고 있다.

그리고 2020년 우리에게 찾아온 반갑지 않은 손님, 코로나는 우리의 삶은 물론 주류 시장을 크게 흔들어 놓게 되었다. 코로나로 인한 거리두기는 안타깝게도 거리의 주점을 문을 닫게 하였고, 이는 주류 판매량은 감소로 이어졌다. 하지만 같은 해 4월부터 정부에서 시행된 스마트오더[1]는 소비자의 선택지가 줄어든 상황에서 주류에 대한 접근성을 높이면서 집에서의 고급 주류에 대한 소비를 더욱 가속화하였고, 어느 순간 와인과 위스키는 가정에서 소비되는 양이 이례적으로 주점에서 소비하는 양을 뛰어넘게 되기도 하였다.

집에서 즐기는 위스키의 소비는 점차 늘어나고 있고, 코로나가 점차 완화됨에 따라 집에서 소비하던 위스키는 이제 다시 주점에서의 소비로 이어져 위스키 시장은 앞으로 더욱 커질 것으로 전망되고 있다.

이러한 수요는 시장의 확대에 영향을 끼쳤고, 더욱 다양한 브랜드의 제품들이 우리의 선택을 기다리며 마주하고 있다. 하지만, 위스키는 여전히 낯선 존재이기도 하다. 입문자들에게는 높은 가격, 그리고 난해한 용어 등이 선뜻 위스키의 세계로 들어오는데 어려움을 느끼게 한다. 그래서 책에서는 위스키를 만나고 한층 더 즐기는 데 도움을 줄 수 있는 정보들을 전하고자 한다.

---

[1] 스마트오더 - 온라인으로 주류 선결제, 오프라인에서 주류 픽업을 가능하게 한 정책으로 원하는 주류를 구매하기 위해 멀리 가지 않더라도 원하는 술을 집 근처 음식점 또는 편의점 등에서 쉽게 원하는 날짜에 구매를 할 수 있게 되었다.

첫째 날
웰컴 드링크

첫 만남과 기억

위스키라는 이름을 가진 그대, 누구세요?

이 책의 주인공 위스키가 무엇일지는 정의를 먼저 살펴봐야 할 것이다.
국가마다, 지역마다 조금의 차이는 있지만, 가장 큰 틀의 위스키에 대한 정의는 아래와 같다.

"곡물을 이용하여 당화, 발효시킨 발효주를 증류하고 오크통에 숙성한 술"

정의라는 것은 가장 포괄적이며 일반적일 수밖에 없기에, 우리는 이 한 문장으로 위스키를 이해하기 불가능하다.
그렇다고 우리가 흔히 아는 위스키 제품이 모든 위스키를 대변할까? 그것도 아니다.
넓은 위스키 멀티버스 세계 속에 하나의 모습일 뿐이다.

어떤 변화를 거쳤는지에 따라 각기 다른 이야기와 맛, 그리고 향을 가진 위스키로 탄생하게 된다.

그렇기에, 책 한두 권으로 위스키에 대해 다 알 수는 없을 것이다. 하지만 부분적일지라도 위스키라는 술에 대해 소개함으로써, 여러분이 위스키의 세계로 떠나는 여정에 도움이 되길 기원한다.

필자는 위스키 업계에서 일하며, 그리고 개인적으로도 여러 위스키 모임을 진행 및 참여하면서 생각보다 많은 사람들을 만나게 되었다. 그들의 위스키의 첫 만남은 모두 달랐다. 누군가는 아버지의 술장에 있던 위스키를 통해 처음 만나게 되었고, 누군가는 취업 성공을 하면서 선물로 위스키를 받았고, 또 누군가는 바에서 바텐더가 추천해주는 위스키 칵테일로써 처음 만나며, 누군가에게 접대 받고, 접대하는 자리에서 위스키를 만나게 된 경우 등 다양한 경로를 통해 위스키를 접하게 된다. 이 과정에서 위스키에 대한 첫 인상이 좋은 경우도, 반대의 경우도 있었을 것이다. 책을 편 독자 여러분 역시 위스키에 대한 다양한 기억이 있을 것이다. 이 기억들이 가끔 선입견을 만들어 새로운 것을 받아들이는 데 어려움을 주기도 할 것이다. 그렇기 때문에, 위스키를 본격적으로 만나기전에, 앞서 준비해야 할 것은 선입견과 오해를 버리고 즐기고자 하는 마음가짐이라 말하고 싶다.

책에서는 위스키에 대한 기본적인 용어부터 다양한 위스키를 슬기롭게 즐기기 위한 방법까지 적어 두었다. 중간 중간 업계에서 일하며 알게 된 위스키에 대한 오해와 진실들도 담았다.

위스키에 대한 대표적인 오해들

오해 1 위스키는 아저씨들의 술이다?
오해 2 싱글몰트 위스키가 블렌디드 위스키보다 좋다?
오해 3 미국 위스키는 모두 WHISKEY로 표기한다?
오해 4 12년 숙성 표기 위스키는 12년 원액만 사용한 것이다?
오해 5 위스키에게 있어 숙성기간은 절대적이다?
오해 6 위스키를 온더락이나 칵테일로 마시는 건 위스키를 제대로 즐기는 방법이 아니다?
오해 7 위스키의 색이 진할 수록 깊은 맛을 낸다?
오해 8 위스키는 도수만 세고 맛이 다양하지가 않다?
오해 9 위스키는 오픈하자마자 마시는 것이 최고다?
오해 10 병에 담긴 12년 위스키를 10년 보관하면 22년 숙성 위스키?

첫째 날
첫 번째 잔

위스키의
보여지는 이야기

우리가 알아가고자 하는 위스키는
어떤 술일까?

10년 전만 하더라도 위스키 광고 속에서 찾아볼 수 있는 키워드를 보면 '수트', '중년 남성', '성공', '격식 있는 장소' 등. 성공한 30~40대가 품격 있는 장소에 격식을 차려 입고 즐기는 클래식한 모습을 담고 있는 광고들이 대부분이었다. 당시 국내에 소개된 위스키들이 매우 한정적이었다고는 하나, 위스키를 접할 수 있는 공간 자체가 부족하기도 했고 음지에서 접대의 성격을 가지고 소비되는 경우도 많았다.

그러나 요즘에는 광고의 성격을 보았을 때 '트렌디', '여성', '친구들', '개방된 장소'와 같이 친구들과 캠핑을 가거나, 도수가 높은 위스키를 그대로 마시기보다 하이볼 형태로 즐기는 광고들도 심심찮게 볼 수 있다. 이러한 변화는 과거에 제한적이었던 위스키 소비층이 성별, 연령, 장소를 넘어 다양하게 소비되기 시작하였다는 의미를 뜻하기도 한다.

위스키는 아저씨들의 술이다?

　지금의 위스키는 아저씨들만의 술이 아니다. 위스키는 현재 유통업계에서 주목하고 있는 품목 중 하나로, 최근에는 위스키의 인기가 올라가며, 대형마트인 이마트에서는 소주의 매출을 넘어서기도 하였다. 그리고 GS리테일과 CU의 통계에서는 20-30대의 구매자 비율이 두 곳 모두 50%를 넘어섰다고도 밝혔다.

　앞으로 위스키의 시장은 어떻게 변화하게 될지 정확히 알 수 없지만, 코로나라는 상황이 위스키 시장의 성장을 가속화한 이 시점에, 앞으로 이 시장이 더 나은 방향으로 발전하는 것은 위스키 소비 주체인 독자들이 어떻게 소비하고 즐기는 지와 연결되어 있을 것이고, 우리가 잘 만들어가야 하지 않을까라는 질문을 던져본다.

이제는 많은 사람들이 찾고 있는 위스키는
그럼 어떤 맛과 향을 가지고 있을까?

주류매장에 가면 한 번쯤 들어 봤을 조니워커, 발렌타인, 잭 다니엘스, 맥캘란, 글렌피딕, 발베니를 포함해 수많은 위스키들이 있다. 국내에 수입되고 있는 위스키의 종류는 브랜드로는 150가지 이상, 제품으로는 500가지가 넘는다. 그리고 전세계에는 훨씬 더 많은 위스키들이 매일 제품화가 되고 있다.

우리가 '왼쪽 진열대부터 오른쪽 진열대까지 다 구매하겠습니다' 하기에는 정해진 예산 속에서 어려움이 있고, 설령 구매한다 하더라도 그 중 몇 병은 마시고 보니 내 취향이 아니어서 오픈하고 줄어들지 않는 위스키가 될 수도 있다.

그렇기 때문에, 우리는 슬기롭게 위스키를 선택해야 한다. 더 만족스러운 위스키 선택의 힌트는 위스키의 라벨이 주고 있다. 당신이 위스키의 라벨이 들려주는 이야기에 귀를 기울인다면 위스키에 대한 간접적인 정보를 얻어, 정해진 예산 내에서 조금 더 당신의 마음에 드는 조금 더 슬기로운 구매가 가능할 것이다. 지금부터 위스키 라벨 속 숨겨진 정보들에 대해 알아보자.

다 주세요...
음냐

브랜드

싱글 & 블렌디드

생산지 정보

오크통

도수

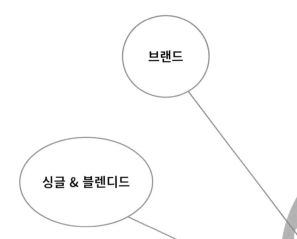

WHISKY

NGLE MALT

25 YEARS

SCOTCH WHISKY
HIGHLANDS

Lightly Peated
Oloroso & Sherry Hogshe

Natural Colour & Non-Chill Filter
DISTILLED AND BOTTLED IN SCOTL

43%VOL.   70

숙성연수

곡물 정보

WHISKY & WHISKEY

WHISKY

SINGLE MALT

25
YEARS

SCOTCH WHISK
HIGHLANDS

Lightly Peated
roso & Sherry Hogshead

tural Colour & Non-Chill Filtered
LLED AND BOTTLED IN SCOTLAND

VOL.   70 CL

용량

  아이에게 이름을 붙여줄 때 여러가지 의미를 담듯, 위스키의 이름 속에서도 그 위스키에 대한 이야기 혹은 위스키가 만들어지는 환경들을 담고 있을 때가 많다. 대표적으로 잘 알려진 조니워커와 발렌타인 같은 경우, 위스키를 시작하고, 만들어낸 '존 워커'와, '조지 발렌타인'의 이름에서 가져오기도 하였고, 스카치 위스키에서 많이 보이는 '글렌ㅇㅇ'과 몇몇 위스키의 이름은 과거 스코틀랜드의 고유어였던 게일어로 풀이하면 스코틀랜드의 지형(Glen 글렌; 계곡)과 그 지명 혹은 증류소가 위치한 곳의 특징이라는 의미가 담겨있다. 글렌이라는 이름에 붙여진 지역의 특이점을 정리해 보았다.

GLEN + [   ] = 계곡 + 지역의 특이점

글렌리벳	GLEN LIVET	부드럽게 흐르는 계곡
글렌모렌지	GLEN MORANGIE	평온의 계곡
글렌피딕	GELN FIDDICH	사슴의 계곡
글렌드로낙	GLEN DRONACH	검은 딸기의 계곡
글렌알라키	GLEN ALLACHIE	암석의 계곡
아드벡	ARDBEG	작은 곶
라프로익	LAPHROAIG	아름다운 넓은 만
브룩라디	BRUICH LADDICH	해안가의 제방

계곡을 뜻하는 GLEN, 과연 아무 위스키나 사용할 수 있을까?

스카치 위스키 협회 vs 독일 발트호른 증류소

독일의 발트호른 증류소에서는 글렌 부켄바흐Glen Buchenbach라는 위스키를 판매했다. 하지만 스카치 위스키 협회에서는 글렌Glen이라는 단어가 지리적 표시는 아니지만, 오랜 역사를 가지고 쌓아온 스카치 위스키의 역사 속에서 글렌을 떼려야 뗄 수 없기에 소비자들에게 스카치 위스키라고 착각을 하게 만들 수 있고, 스카치 위스키의 좋은 평판을 악용할 수 있다고 이의 제기를 하는 사건이 그렇게 시작된 법적 공방. 2022년 2월, 9년 간의 분쟁에서 법정은 SWA의 손을 들어주게 되었고, 발트호른 증류소는 본인들의 위스키에서 글렌이라는 단어를 삭제할 수밖에 없었다.

이 판결로 유럽연합 내 위스키 증류소 중 스카치 위스키가 아닌 위스키는 글렌을 사용할 수 없게 되었다. 하지만, 유럽 밖에서는 아직 글렌을 증류소 혹은 제품명에 사용하는 다수의 증류소들이 있다.

두 번째 싱글 & 블렌디드

단일 증류소의 원액과 다수의 증류소의 원액에서 오는 차이, 먼저 싱글몰트 위스키의 싱글이라는 단어는 한 곳의 Single; Individual 증류소 원액을 사용하였다는 의미를 담고 있다. 반면 섞는다는 블렌디드Blended라는 표현은 두 곳 이상의 증류소 원액을 사용하였다는 뜻을 담고 있다.

한 가지 원액과 여러가지 원액을 혼합하는 것에는 어떤 차이가 있을까? 오케스트라로 비유해서 설명을 하면, 하나의 증류소에서 만든 위스키의 원액은 각각의 악기를 이용한 독주로, 증류소마다 환경 및 생산 방법이 다르기에 연주하는 악기가 다르지만 각각의 개성이 담겨 있다. 그리고 여러 증류소의 위스키 원액을 혼합하여 만든 블렌디드 위스키는 오케스트라처럼 여러 증류소의 개성들을 조금씩 줄였지만 조금 더 조화롭고 어우러지는 것이 특징이다.

그렇기에, 개성 있는 맛과 향을 즐기길 원한다면 개별 증류소의 싱글 위스키를, 조화로운 밸런스의 맛과 향을 즐기길 원한다면 여러 증류소의 원액을 혼합한 블렌디드 위스키를 즐기면 좋을 것이다.

싱글 위스키 & 블렌디드 위스키

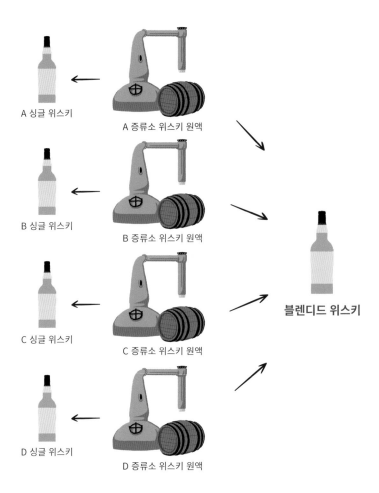

A 싱글 위스키

A 증류소 위스키 원액

B 싱글 위스키

B 증류소 위스키 원액

C 싱글 위스키

C 증류소 위스키 원액

D 싱글 위스키

D 증류소 위스키 원액

블렌디드 위스키

싱글몰트 위스키가 블렌디드 위스키보다 좋다?

질문에 대한 답은 '아니다'라고 말할 수 있다.

앞에서 설명한 바와 같이 블렌디드 위스키와 싱글몰트 위스키 각각의 매력이 있다. 위스키 역사는 각각의 증류소에서의 위스키를 만드는 싱글 위스키가 시작이었다. 하나의 증류소에서 나온 원액만을 사용하다 보니 대량 생산을 하기가 어려웠고, 가격이 더 비쌀 수밖에 없었다.

그러나 위스키 증류소들이 점차 기업화가 되고, 여러 증류소의 원액을 섞기 시작하면서 여러 개의 개성을 다듬어 조금 더 마시기 편하고 부드러우며 섬세한 위스키가 만들어진 것이 블렌디드 위스키이다. 여러 원액을 섞어서 만들기에 더 많은 술들을 만들어 낼 수가 있었고 시장 논리에 따라 가격적인 부분도 더 저렴할 수 있었다. 그래서 블렌디드 위스키가 더 많은 사랑을 받게 되었다.

그러나, 위스키에 대한 선호도가 시간의 흐름에 따라 싱글 위스키 ➡ 블렌디드 위스키 ➡ 싱글 위스키로 바뀌고 있다. 이런 흐름은 소비자들의 선호도 차이일 뿐 품질의 우위는 아니며, 유행은 돌아오는 것처럼 어느 순간 블렌디드 위스키에 대한 사랑이 더 높아질 수도 있을 것이다.

블렌디드 위스키를 만들 때 가장 중심이 되는 맛들을 좌우하는 원액을 일컬어 '키몰트Key Malt'라고 한다. 키몰트가 무엇인지 밝히는 브랜드도 있고 밝히지 않는 브랜드도 있으며, 어떤 블렌디드 위스키의 키몰트 중에는 싱글몰트로서 더 큰 자리를 잡은 위스키도 있다. 최근 싱글몰트에 대한 선호도에 대한 트렌드에 따라 많은 블렌디드 위스키에서 키몰트를 싱글몰트로 제품화하기도 하였다.

블렌디드 위스키 중 대표적으로 잘 알려진 발렌타인의 경우에는 약 40~50 곳의 증류소에서 생산된 위스키 원액을 블렌드하여 만들어지고 있다. 발렌타인에서는 2017년 싱글몰트 위스키의 트렌드에 발 맞춰 발렌타인 위스키의 핵심적인 특징을 지닌 3개 키몰트의 증류소들의 이름을 건 싱글몰트를 출시하기도 하였다. 글렌버기, 밀튼더프, 글렌토커스. 기회가 된다면 함께 즐기며 블렌디드 위스키에서 싱글몰트의 특징을 찾아보는 것도 큰 재미를 선사해줄 것이다.

세 번째 곡물

위스키의 라벨에서 흔히 볼 수 있는 몰트, 라이, 버번, 콘 등은 위스키의 주 재료를 간접적으로 안내하고 있다.

위스키의 정의에서 살펴보았듯, 위스키에는 다양한 곡물들이 사용되고 있으며, 큰 구분으로는 몰트Malt(맥아: 싹을 틔우고 건조시킨 보리), 그레인Grain(여러가지 곡물의 조합)으로 구분할 수 있으며, 위스키 제조에 사용되는 대표적인 곡물로는 보리, 밀, 호밀, 옥수수 4가지가 있다. 어떤 곡물을 어떤 비율로 사용하여 위스키를 만드는 지에 따라 전혀 다른 맛과 향을 가지게 되기 때문에, 곡물에 따라 취향에 맞게 위스키를 선택할 수도 있을 것이다.

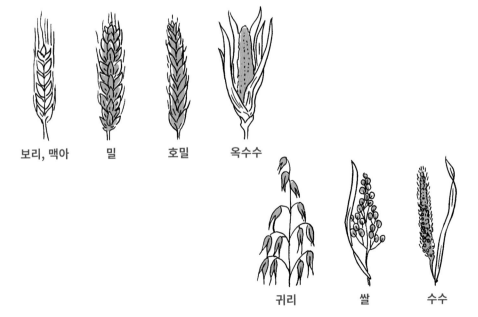

보리, 맥아   밀   호밀   옥수수

귀리   쌀   수수

4가지 주요 곡물별 위스키에서 느껴지는 특징적인 풍미

보리, 맥아 갓 구운 토스트, 견과류
옥수수 바닐라와 메이플 시럽의 달콤하고 강렬한 풍미
호밀 약간의 단 맛과 후추와 같은 스파이스
밀 꿀을 넣어 만든 통밀 빵

위스키 별 곡물의 비율

몰트[1] 위스키
스카치 및 대부분의 국가들
맥아 100%

싱글 팟스틸 위스키
아일랜드
맥아 + 보리

그레인 위스키
스카치 및 대부분의 국가들
여러가지 곡물들의 조합

몰트 위스키
미국
맥아 51% + 다른 곡물들

버번 위스키[2]
미국
옥수수 51% + 다른 곡물들

콘 위스키
미국
옥수수 80% + 다른 곡물들

라이 위스키
미국
호밀 51% + 다른 곡물들

위트 위스키
미국
밀 51% + 다른 곡물들

[1] 여기서의 몰트는 맥아(보리)를 의미하며 예외인 경우도 있다.
[2] 버번 위스키의 정의는 단순히 곡물 사용 비율 외적으로 다양한 조건들이 충족되어야 부를 수 있다.

네 번째 **생산지**

위스키를 생산하는 나라는 오랜 역사를 지닌 스코틀랜드Scotch, 미국American & Bourbon, 아일랜드Irish, 캐나다Canadian부터 현재 많은 사랑을 받고 있는 대만Taiwanese, 일본Japanese. 그 외에도 인도Indian, 프랑스French, 호주Australian, 이스라엘Israel 등등. 정말 다양한 나라에서 위스키를 생산하고 있다. 한국도 1970년 정부 사업으로 위스키를 생산하려는 시도를 하였으나 사업성 문제로 90년대 사업을 종료하고, 그 후 30년이 지난 2020년에야, 위스키를 직접 생산하는 증류소가 생겼다.

┌─ 틈새 이야기 ─
JAPANESE WHISKY
정체성의 혼란? 일본 위스키가 아닌 일본 위스키?

위스키 라벨의 원산지 표기와 관련하여 논쟁 거리가 있다.

그것은 '어디까지 일본 위스키로 볼 것인가?'라는 질문으로, 해외에서 위스키를 일본으로 수입하여 병에만 담은 위스키, 즉, 내용물은 일본에서 만들어지지 않았지만 위스키 원액을 해외에서 수입 후 병입을 일본에서 한 위스키들이 종종 일본 위스키로 표기되기도 한다. 일본 스피릿 & 리큐르 제조자 협회(Japanese Spirits & Liqueurs Makers Association)에서는 이런 문제를 막고자 모든 생산과정이 본토에서 이뤄지는 것으로 제한하고 있으나 정부 기관의 법적인 제약이 있는 것이 아니기에 지키지 않는 곳도 있다.

실제로 우리나라에 일본 위스키라고 알려졌지만 일본에서 병입만 된 위스키들이 수입되어 소비자에게 혼동을 주기도 하였다. 한국 위스키도 이제 시작하는 단계이지만, 일본의 사례를 참고하여, 한국 위스키라 부를 수 있는 기준에 대한 준비와 철저한 관리가 있어야 한국 위스키의 세계적인 성장에 더 큰 기여를 할 수 있을 것이다.

한글로는 공통되게 '위스키'라고 표기하지만 라벨 속에서는 'Whisky'로 표기하거나, 'Whiskey'로 표기하는 경우가 있다. 미국과 아일랜드의 증류소들은 대부분 Whiskey라 적고, 스코틀랜드와 일본 등 나머지 국가들은 대부분 Whisky라고 표기한다.

위스키의 영문표기에 (e)의 여부에 대해서는 정확한 구분 기준은 없지만, 그 유래에 대해서 두 가지 이야기가 알려져 있다.

첫 번째는 지역에 따른 구분의 의미라는 이야기다.

먼저, 위스키의 시작인 아이리시 위스키Irish Whiskey와 조금 늦게 위스키 생산을 시작하였지만 위스키 시장이 큰 스카치 위스키Scotch Whisky에서는 아이리시 위스키와 구별을 두기 위해 위스키에서 'e'를 빼고 표기하였다고 전해지고 있으며, 한편으로는 미국에서 수입을 하던 초창기 스카치 위스키의 품질이 좋지 않자 자국 위스키와의 구별을 두기 위해 스카치와 다르게 'e'를 포함하여 'whiskey'라고 표기했다고 전해진다.

두 번째는 한국에서도 지역에 따라 방언이 존재하듯이, 게일족의 언어가 지역성에 따라 분리되는 과정에서 whisky와 whiskey로 나뉘었다는 이야기도 있다.

위스키에 대한 오해 3

미국 위스키는 모두 WHISKEY로 표기한다?

메이커스 마크Maker's Mark와 조지 디켈George Dickel은 같은 미국 위스키지만, whiskey 대신 whisky 라고 표기하고 있다.

메이커스 마크의 경우, 창립자였던 빌 새뮤얼스 시니 어Bill Samuels Sr.가 그의 혈통의 뿌리가 스코틀랜드 계였기 때문에, 그 정신을 계승한다는 의미로 whiskey 로 표기하고 있고, 조지 디켈의 경우에는 창립자가 유년기를 유럽에서 보내며 보아온 스카치 위스키에 영향을 많이 받았다는 의미로 미국 위스키이지만 'e'가 없는 whisky로 표기하고 있다.

어섯 번째 **숙성 연수**

위스키의 라벨에는 크게 숫자로 숙성연수를 표기(Age Statement)하기도 하고, 숫자를 표기하지 않거나, 다른 방식으로 표현하기도 한다. 이를 표기하지 않는 제품들을 숙성연수 미표기 제품(NAS; Non- Age Statement) 위스키라고 부르기도 한다.

미국 위스키의 경우에는 오크통에 담겼던 스피릿을 위스키라고 부를 수 있기에 숙성연수를 미표기 하였더라도 간접적으로 알 수 있는 표현도 있다. 스트레이트Straight라고 적혀 있으면 최소 2년 이상, 보틀드 인 본드Bottled in Bond라는 표시가 있다면 최소 4년 이상 숙성했음을 알 수 있다.

┌─ 틈새 이야기 ───
영국과 EU의 숙성연수 표시 기준을 비꼰
위스키 업계의 이단아

2016년 8월, 컴파스 박스Compass Box사에서는 디럭스 3년Deluxe 3 years old이라는 위스키를 출시했다. 숙성연수가 3년이라고 표기된 위스키에 전세계의 위스키 애호가들은 열광했다. 컴파스 박스 사에서 출시된 위스키에 사람들이 열광한 것은 단순히 맛이 좋기 때문은 아니었다. 사람들이 열광한 이유는 해당 제품의 소개에서 찾아볼 수 있다.

"우리가 지향하는 위스키의 복합미와 균형감을 위해 다양한 숙성연수의 위스키를 블렌딩을 해왔습니다. 이 위스키에는 브로라 지역 증류소의 3년 숙성 위스키를 1% 미만으로, 같은 증류소지만 훨씬 오래 숙성된 위스키 90% 이상, 그리고 스카이 섬 증류소의 9%의 피티드 위스키 원액을 사용하였습니다. 하지만 규정상 가장 숙성연수가 어린 위스키의 숙성 연수만 밝히게 되었습니다. 하지만 괜찮습니다. 이 3년된 위스키가 우리가 증류한 직후부터 선별된 통에서 직접 숙성을 시켰기 때문에 진정으로 특별하기 때문입니다."

컴퍼스 박스사에서는 맛있게 만들고자 하는 철학을 지키기 위해 3년 숙성된 특별한 위스키 원액을 섞어야 했는데, 숙성연수 표기는 규정상 3년으로만 해야만 했던 것이다. 사실 그들은 숙성연수를 표기하지 않았어도 되었지만 본인들의 위스키 철학을 밝힘과 동시에 규정을 비판하고자 하였던 사례로 손꼽힌다.

12년 숙성 표기 위스키는 12년 원액만 사용한 것이다?

12년 숙성 표기 위스키에는 해당 위스키에 최소 12년 숙성 이상의 원액이 담겨 있다는 것을 의미한다. 영국과 EU에서 사용하고 있는 위스키 숙성연수의 표기 기준은 해당 위스키에 들어간 위스키의 원액 중 가장 숙성연수가 낮은 위스키의 숙성 연수를 표기하는 것으로, 12년이라고 적혀 있다면 12년 숙성 원액이 상당부분을 차지 하나, 12년 이상의 원액도 증류소 상황에 따라 섞기도 한다.

일곱 번째 **오크통**

위스키는 스피릿이 숙성되어 가며 오크통의 영향을 많이 받기 때문에, 오크통의 정보는 생각보다 위스키에 대한 많은 힌트를 알려주고 있다. 위스키의 라벨을 통해 어떤 종류와 사이즈의 오크통에서 사용되었는지, 또한 몇 번째 사용되는 오크통인지 알 수 있는데, 어떻게 힌트를 주는지 알아보자.

오크통의 크기 SIZE

동일 기간 숙성 시 위스키의 숙성도를 좌우

같은 종류의 오크통 기준으로 하였을 때 크기가 작을 수록 원액과 오크통이 상호작용할 수 있는 면적이 넓어 숙성도가 조금 더 높은 편이다.

옥타브	쿼터	배럴	바리끄	혹스헤드	벗	펀천
OCTAVE	QUARTER	BARREL	BARRIQUE	HOGSHEAD	BUTT	PUNCHEON
50L	**100~125L**	**200L**	**235~300L**	**230~250L**	**500L**	**500~700L**

오크통의 종류 TYPE

위스키 풍미의 특징을 좌우

다양한 종류의 오크통이 있으나 대표적인 몇 가지를 추렸다. 오크통 전체적으로 전에 담긴 술의 풍미가 배여 있기에 이를 생각하면 위스키의 맛과 향을 간접적으로나마 예상할 수 있다.

구분	오크통 종류	일반적인 테이스팅 노트
미사용	버진 오크 Virgin Oak; New Oak	바닐라, 정향, 카라멜, 오크
위스키	버번 Bourbon	바닐라, 청사과, 시트러스, 크림
쉐리 와인 Sherry	페드로 히메네즈 Pedro Ximenez; PX	다크 초콜릿, 헤이즐넛, 건포도, 자두, 담배, 후추
	올로로소 Oloroso	스파이스, 헤이즐넛, 밀크 초콜릿, 견과류, 건과일
	아몬틸라도 Amontillado	건과일, 아몬드, 호두, 오크 페스츄리, 카라멜
포트 와인	포트 Port	화이트 초콜릿, 붉은 베리류, 바닐라, 자두 푸딩

오크통의 사용 횟수

라벨에 표기하는 오크통의 사용 횟수는 대부분 제품을 생산하는 증류소 기준으로 작성된다.

퍼스트 필 First Fill   1회 사용
세컨 필 Second Fill   2회 사용
리필 Refill   3회 이상 사용

사용횟수가 적을 수록 오크통 종류의 특징이 더 강한 편이다.

퍼센트와 프루프 % & PROOF

위스키의 도수는 퍼센트%와 프루프proof 2가지 방법으로 표기한다.

국내 주류에서도 흔히 볼 수 있는 '퍼센트%'는 용량 대비 알코올의 함량(ABV; Alcohol Based Volume)을 의미하고, 조금은 낯설 수 있는 '프루프Proof'는 미국식과 영국식의 도수 표기 방식이 있다. 영국식 프루프 표기법은 계산이 복잡해서 업계에서 잘 사용하지 않고, 자주 사용하는 것은 미국식 표기 방식인데, 프루프 도수를 2로 나누면 우리가 일반적으로 사용하는 % ABV가 된다. 예를 들어 100 proof는 50% ABV정도의 도수라 생각하면 된다.

캐스크 스트랭스
CASK STRENGTH

배럴 프루프
BARREL PROOF

➡ **숙성된 위스키 원액에
   물을 희석하지 않은 위스키**

풀 프루프
FULL PROOF

➡ **숙성 기간 동안의 손실된 술 양만큼
   물을 채워 희석한 위스키**

엔트리 프루프
ENTRY PROOF

➡ **숙성된 위스키 원액을
   통입 도수로 맞추고자* 희석한 위스키**

*버번 위스키의 경우, 건조하고 더운 숙성 환경으로 숙성이 되며 도수가 올라가는 경우가 생긴다

아홉 번째 **용량**

일반적으로 ml와 L로 표기되며, 가끔씩 유럽 제품에는 cl로 표기된 경우가 있다.

cl은 처음 보는 단위라고 생각하겠지만 센티 리터Centi Liter의 약자로 x 10을 하면 ml로 환산이 가능하다. 예를 들어 길이 단위의 1000 mm = 100cm = 1m / 부피 단위의 1000 ml = 100cl = 1L 라 생각하면 된다.

열 번째 기타

카라멜 색소 미첨가
NON-COLOURED, NATURAL COLOUR

일부 위스키는 E150이라는 카라멜 색소를 첨가하여 위스키 색상을 진하게 만들기도 한다. 그렇기에 NON-COLOURED 혹은 NATURAL COLOUR 라는 문구가 없다면 색소를 첨가했다고 봐도 무방하다.

다만, 버번 위스키의 경우, 법적으로 색소의 사용을 금지하고 있어 모두 자연적인 색상이다.

냉각 여과 & 비냉각 여과
CHILL FILTERED & NON-CHILL-FILTERED

위스키의 경우에는 냉각 여과를 하지 않을 경우, 도수가 낮거나 차가운 얼음을 넣었을 때 향미에 영향을 주는 지방산이 응고되는 혼탁 현상(Haze)가 일어날 수 있다. 이에 인체에는 무해하지만, 미관상 제거하고자 냉각 여과를 하는 곳과 향미를 보다 유지하기 위해 비냉각 여과를 하는 위스키가 있다. 선택은 여러분의 몫이다.

열한 번째 테이스팅 노트

모든 위스키에 제공되는 것은 아니지만, 대부분의 위스키 병 혹은 패키지에는 테이스팅 노트라는 것이 적혀 있을 확률이 높다. 테이스팅 노트는 위스키의 향, 맛, 피니시들을 정리하였기에 어떤 풍미의 위스키인지 추측하기에 매우 도움이 되는 지표이다. 하지만 테이스팅 노트를 작성한 사람의 주관이 들어가 있기에 개개인이 다르게 느낄 수 있다는 점을 꼭 참고해야 할 것이다.

첫째 날
두 번째 잔

위스키의
보이지 않는 이야기

위스키의 라벨처럼 보이는 이야기가 있다면 반대로 보이지 않는 이야기도 있다.

우리는 한 편의 공연을 볼 때 우리는 과정을 보는 것이 아닌 완성된 모습들을 본다. 공연의 스토리, 배우 혹은 가수, 무대의 구성, 음악 등 구성이 되는 요소는 우리가 확인할 수 있지만, 한 편의 공연이 만들어지는 데에는 우리가 보지 못하는 부분이 더 많다. 공연이 진행되는 순간에도 무대 뒤에서 조명팀, 음향팀, 무대장치팀 등 다양한 사람들이 뛰어다니며 사인을 주고받고, 어떻게 진행을 해나갈지 발을 맞춰 움직인다. 그리고 무대가 오르기 전에는 많은 사람들이 무대를 어떻게 만들어 갈지에 대한 끝없는 고민과 시도들을 한다.

이런 과정을 생각해 봤을 때, 위스키도 하나의 공연으로 볼 수 있을 것이다. 보여지는 디자인, 맛과 향의 기승전결을 보여주는 하나의 공연. 그리고 이 공연을 완성하기 위해 많은 사람들이 하나하나의 생산 과정에서 여러가지 고민을 하며, 이를 만들어 나간다.

이번 챕터에서는 어떤 과정을 통해 위스키라는 공연이 완성되어 가는지 위스키가 만들어지는 이야기를 함께 풀어 나갈 것이다.

우리가 앞에서 계속 얘기해 온 위스키, 위스키는 어떻게 만들어지는 걸까? 위스키의 제작 과정을 알기전에 위스키의 정의에 대해 다시 이야기해야 한다.

어디까지 위스키인 것이고, 어디부터 위스키가 아닌 것일까? 국가에 따라 위스키의 정의는 조금씩 다르게 나뉜다.

스카치, 유럽연합
발아시킨 곡물을 활용하여, 이를 당화, 발효를 하되
94.8도 이하로 증류하여 700L 미만의 오크통에서 최소 3년 이상 숙성된 40도 이상의 술.

미국
발아시킨 곡물과 발아시키지 않은 곡물을 함께 활용하여 발효주를 만들고
이를 95도 미만으로 증류하여 오크통 숙성을 한 40도 이상의 술

한국
발아된 곡류와 물을 원료로 하여 발효주를 만들고 증류하여 나무통에 저장하여 1년 이상 숙성한 것

조금씩 다른 국가 별 정의에서 공통적인 부분을 찾고 조금 더 넓은 범주에서 정의한다면,

곡물을 사용하여 발효주를 만들고 이를 증류하여 오크통에서 숙성되어 완성된 술

을 위스키라고 정의할 수 있을 것이다. 넓은 범주로 잡은 만큼 어느 나라에서는 위스키로 불리는 것이 어떤 나라에서는 위스키로 부를 수 없는 경우도 생길 것이다.

두 번째 곡물의 선택

모든 술이 시작이 그러하듯 위스키의 역사도 처음 시작될 때에도 농사를 짓고 남은 잉여 곡물들을 사용해서 술을 만들었지만, 농업이 발전한 이제는 더 좋은 위스키를 만들기 위해 필요한 곡물을 특별하게 생산하여 위스키를 만들기도 한다. 앞에서 잠깐 설명했듯 곡물에 따라 각기 다른 맛과 향을 만들어내고, 또한 단위 곡물 당 생산할 수 있는 알코올의 양도 다르기 때문에, 위스키 제작에 있어서, 어떤 곡물을 사용해야 할 지는 큰 고민중 하나다.

위스키에 대표적으로 많이 사용하는 곡물은, 보리, 밀, 호밀, 옥수수이기는 하지만 몇몇 증류소에서는 쌀, 조, 감자 다양한 곡물들로 위스키를 만들기도 한다.

틈새 이야기
화요 XP는 소주일까 위스키일까?

한국 증류식 소주를 생산하는 '화요'에서는 2013년 창립 10주년을 맞아 화요 엑스트라 프리미엄(화요 XP)을 출시했다. 쌀을 이용해 소주를 만들고 오크통에 숙성시킨 제품으로, 우리나라의 주세법의 주종 분류에 의하면 발아시킨 곡류를 사용하여 만든 것이 아니기에 증류식 소주로 구분이 됐다. 하지만 해외의 주종 분류에 의하면 곡류로 만든 술을 증류하고, 오크통 숙성을 하였기에 위스키로 분류됐다. 실제로 화요 XP는 2020년 유럽연합 EU에서 위스키로 인정을 받기도 했다. EU의 위스키 정의를 따지고 보면 싱글 라이스 위스키로 분류할 수 있을 것이다.

곡물의 선택 기준

1. 수율

곡물에서 알코올을 얼마나 만들 수 있을까?

　곡물이 얼마나 알코올을 만들 수 있는 지는 얼마나 위스키를 만들 수 있는 지와 직결하기 때문에, 많은 곡물 회사에서 위스키를 위한 곡물을 기를 때, 단위 곡물 당 생산할 수 있는 알코올 (수율)을 함께 고려하게 된다. 100% 몰트 위스키의 경우에는 높은 수율을 위해 단백질 함량이 낮은 맥아를 선호하는데, 단백질의 함량이 낮아지게 되면 전분질의 함량이 높아지고, 전분질의 함량이 높아질 수록 다음에 이어질 과정에서 더 많은 알코올을 만들 수 있기 때문이다. 그리고 여러가지 곡물을 섞어 만드는 그레인 위스키의 경우에는 몰트 위스키에 비해서 단백질 함량이 조금 더 높은 보리를 이용한다. 이는 보리가 다른 종류의 곡물에 비해서 전분을 분해하는 효소 함량(효소력)이 높고 이는 단백질의 함량과 비례하기 때문이다. 그레인 위스키에서는 보리로 술을 만드는 목적도 있지만, 보리의 효소를 이용해 다른 값싼 곡물들에서 알코올을 쉽게 만들어내기 위함이라고 볼 수 있다.

2. 풍미

어떤 맛과 향을 가진 위스키를 만들 것인가?

　여러가지 곡물을 함께 쓰는 그레인 위스키의 경우, 곡물에 따른 비율을 다르게 설정하게 된다. 곡물에 따른 증류주 맛의 차이가 있기에 차별성을 조금씩 둔다고 이해하면 편할 것이다.

　미국의 버번과 테네시 위스키의 경우에는 이런 곡물의 배합을 매시빌MASH BILL이라고 하며, 증류소마다, 증류소의 제품마다 조금씩 차이를 두며 만든다.

버번 & 테네시 위스키	옥수수 Corn	보리 Barley	호밀 Rye	밀 Wheat
놉 크릭 Knob Creek	75%	12%	13%	–
메이커스 마크 Maker's Mark	70%	14%	–	16%
불렛 Bulleit	68%	4%	28%	–
잭 다니엘스 Jack Daniel's	80%	12%	8%	–
짐 빔 Jim Beam	75%	12%	13%	–
와일드 터키 Wild Turkey	75%	12%	13%	–
우드포드 리저브 Woodford Reserve	72%	10%	18%	–
일라이저 크레이그 Elijah Craig	78%	12%	10%	–

세 번째 맥아 제조*

*몰트 위스키 제작에 한정

몰트, 즉 맥아는 앞에서 간단히 말했듯이 싹의 틔워 건조시킨 곡물을 의미한다. 곡물이라고 말한 점은 보리가 아닌 다른 곡물로도 몰팅Malting이라고 하는 경우가 있기 때문인데, 일반적으로 맥아는 보리를 이용해서 만든 것으로 통용되는 점을 참고하면 좋을 듯하다.

라프로익 증류소의 몰트 하우스

틈새 이야기
보리를 사용하지 않은 몰트 위스키, 라이 몰트 위스키 RYE MALT WHISKY

인도의 위스키 증류소인 암룻에는 '암룻 라이 싱글몰트 위스키'라는 제품이 있다. 100% 라이 몰트Rye Malt, 즉 싹을 틔워 건조시킨 호밀만을 사용해서 만든 위스키이다.

이처럼 보리를 사용하지 않은 맥아도 있기에 혼동을 막고자 라이 몰트라는 별도의 카테고리로 구분하기도 한다.

맥아 제조 과정을 몰팅이라고 부르며, 보리 속의 전분을 당분으로 변화하는 작업으로, 담금, 발아, 건조의 3가지 과정으로 크게 구성된다.

담금 잠들어 있던 보리를 깨우는 과정
수확한 보리를 물에 2~3일 정도 담가 두면서 보리 낟알 낟알은 수분을 흡수하게 만든다.

일반적으로 수확하여 저장한 보리의 수분함량은 약 12%인데 45%까지 끌어 올리게 되며, 이 수분들은 보리 속의 효소를 활성화시킨다.

발아 싹의 틔우는 과정

담금조에서 꺼낸 보리는 온도와 수분을 관리해가며 5~7일정도 약 5시간에 한 번씩 뒤집어 주게 되는데 이 과정에서 활성화된 효소들을 사용하며 세포벽을 깨고 보리는 싹을 틔우게 된다. 보리 내 전분이 가용성 녹말로 변하게 되는 과정이며 이 과정이 있어야만 이후 과정에서 알코올을 만들기 더욱 용이해진다. 이 때 싹이 튼 보리를 그린 몰트Green Malt라고 부른다.

건조 성장을 멈추는 과정

싹이 계속 자라게 되면 위스키를 만들 때 필요한 가용성 녹말이 점점 부족해지기에 보리의 생장을 멈춰야 한다. 보리를 가마(Kiln)라고 불리는 건조 공간으로 이송하고 석탄이나 이탄을 때워 약 하루 정도 뜨거운 열풍을 가해 효소가 열에 변질되어 활동할 수 없게 만들고, 수분함량도 5% 미만으로 낮춰 주는데, 이 과정에서 싹은 말라 비틀어져 부서지게 된다.

√ 이탄; 피트 Peat
위스키에서 느껴지는 훈연 향의 정체

스코틀랜드에서는 보리를 건조시킬 때 이탄을 사용하여 훈연을 하였다. 건조를 하기 위해 열풍을 만들어 낼 석탄을 확보하여야 했으나, 밀주가 흔하던 시대 특성상 석탄을 확보하기 어려웠고 이에 대체재를 찾기 시작했다. 그것이 습지 지대의 이탄, 즉 피트Peat(피트는 습지 지대의 유기물이 퇴적되어 시간이 지났으나 석탄화가 덜 된 퇴적물을 의미)를 발견하게 된 것이다.

피트를 사용해보니 위스키가 만들어졌을 때 소독약 같은 특유의 풍미를 내게 되면서 지속적으로 활용하게 되었다. 피트 역시 지역적 특성에 영향을 받아 어떤 지역의 피트를 사용하는 지에 따라 다양한 풍미를 만들어 낸다. 한국도 김포, 태안, 제주 등 다양한 지역에서 이탄 습지가 발견되었기에 언젠가는 이 이탄들을 활용해서도 한국 위스키가 만들어지지 않을까 기대해본다.

라프로익 증류소의 피트를 태우는 가마

아시아의 건축에 영향을 받은 스카치 증류소의 상징, 파고다 지붕

스코틀랜드 다수의 증류소를 여행하다 보면 외관에서 공통적으로 발견할 수 있는 특이한 모양의 지붕을 발견할 수 있다. 19세기 활동했던 건축가였던 찰스 도이그Charles Chree Doig에 의해 처음 고안되었다. 이전에는 보리를 건조시키는 공간의 상단이 원뿔 모양이었는데, 그 모양은 연기를 배출하는 데 용이하지 않은 구조였기에 문제가 되었다. 찰스 도이그는 동양의 목조 건물 혹은 석탑에서 사용되던 모양에 영감을 받아 새롭게 디자인했다. 파고다의 모양은 조금 더 공기흐름에 용이하였고 달루인 증류소를 시작으로 전역에 설치되기 시작한 이것이 지금 증류소의 상징이 된 파고다 모양이다. 현재는 보리 건조를 직접 하는 증류소들이 많이 사라지면서 일부 증류소를 제외하고는 그 원형을 유지한 채 장식으로 사용되고 있다.

네 번째
분쇄 및 당화 Milling & Mashing

곡물의 준비가 되었다면 이제 곡물에서 당분을 추출하는 단계이다.

사람이 음식을 섭취하고 영양소를 얻을 때, 음식 그 자체가 몸 속으로 들어가지 않는다. 이로 음식을 잘게 쪼개고, 위의 소화효소들로 잘 녹아 들게 만드는 것처럼, 곡물의 당분 추출 과정도 동일하다.

분쇄 Milling

당분을 추출하기 위해서는 선행되어야 하는 과정이 분쇄다. 곡물의 당분이 물 속으로 더 잘 녹아 들 수 있게 적절한 크기로 분쇄해주는 작업이 필요하다. 입자가 너무 크면 당이 물 속에 녹아 들기 어려우며 설령 녹아 든다 해도 시간이 오래 걸리며 입자가 너무 작으면 이송 간에 뭉치는 부분이 생겨 문제가 생기기도 한다.

그래서 껍질이 딱딱한 맥아의 경우에는 롤러 밀Roller Mill을 활용하여 굵게 빻는 형태로 분쇄를 해주며 크기에 따른 분쇄도를 겉껍질 2, 알맹이 7, 가루 1 정도의 분쇄도를 대부분 맞춰서 진행하게 된다. 반면 껍질이 약한 옥수수, 밀, 호밀은 으깨질 수 있기에 일정한 간격의 매시 망을 안에 넣어 돌아가며 잘게 분쇄되는 해머 밀Hammer Mill을 주로 사용한다.

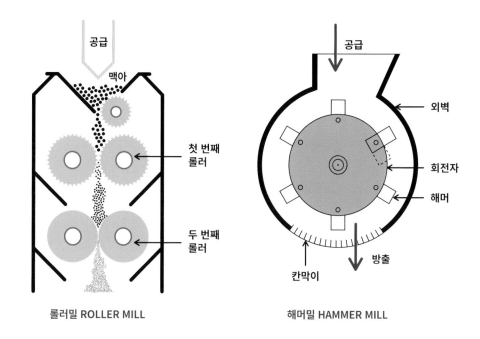

| 롤러밀 ROLLER MILL | 해머밀 HAMMER MILL |

공급 / 맥아 / 첫 번째 롤러 / 두 번째 롤러

공급 / 외벽 / 회전자 / 해머 / 방출 / 칸막이

당화 Mashing

당화는 이렇게 분쇄된 맥아 혹은 곡물들을 당화조(Mash Tun)에 넣은 후 뜨거운 물을 부어 물 속에 녹아 들게 만들어준다. 시간이 지남에 따라 물은 점점 당화가 되어 발효에 사용될 맥아즙(Wort)가 만들어진다.

맥아만 사용하여 당화를 진행할 때에는 온도에 따른 다른 당화액을 만들어 내기 위해 3~4번의 온도가 다른 뜨거운 물을 부어주게 된다(1차: 60도 중반, 2차: 70도 중반, 3차~4차: 80도~90도). 1차와 2차에서 만들어진 맥아즙은 발효조로 이동하게 되고, 3~4차 맥아즙의 경우에는 탱크(Hot Liquor Tank)에 보관하였다가 다음 당화 과정에서 1차의 물로 데워서 사용한다.

다양한 곡물을 함께 사용하는 경우에는 곡물에 따라 각기 다른 온동와 압력에서 당화 과정이 이뤄지기도 하기에 쿠커 Cooker 라는 장치를 통해 가열하여 잘 결합되고 녹아 들 수 있게 한다. 옥수수, 기타곡물, 맥아 순으로 작업한다.

브룩라디 증류소의 개방형 당화조

다섯 번째
발효 Fermentation

하쿠슈 증류소의 목재 발효조

발효의 과정은 생산 과정 속에서 처음으로 알코올을 만들어 내는 과정이다.

당화 과정에서 만들어진 당화액은 발효조(Washback, Fermenter)로 이동하면서 뜨거운 채로 이동하는 것이 아닌 온도를 20도 초반에서 20도 후반 정도로 온도를 낮춰진 채 이동하게 된다. 그리고 발효 과정을 진행하기에 앞서 2가지 선택을 해야 한다.

1. 어떤 발효조를 사용할 것인가

발효조의 경우에는 나무로 만들어진 목조 발효조와 스테인레스 발효조 2가지가 있다. 둘 중 어떤 발효조를 사용하게 될지는 장단점을 보고 위스키에 성향에 맞는 선택을 하게 된다. 목조 발효조의 경우에는 나무라는 특성 때문에 발효가 진행되면서 나무 속 천연 박테리아들로 인해 특유의 풍미를 만들어낼 수 있기에 사용하는 반면, 스테인레스 발효조의 경우에는 나무에 비해 수명이 훨씬 길고, 온도변화에 취약하지 않다는 장점과 더불어 위생적으로 관리가 가능하기에 일관성 있는 발효액을 만들어 낼 수 있다는 장점이 있다.

2. 얼마나 발효를 할 것인가 효율성 또는 특성 있는 맛과 향

당화액에 효모를 첨가하게 되면 발효가 시작된다. 효모가 활동할 수 있는 일정한 온도를 유지시켜주면 효모는 발효조 안에서 당화액 속의 당을 잡아먹으면서 알코올과 이산화탄소를 만들어내게 된다. 위스키의 발효는 20도 후반에서 30도 초반의 고온에서 단기간에 이뤄지게 되는데, 일반적으로 2일 정도 발효를 하게 되면 당을 잡아먹고 필요한 알코올은 만들어낸다. 대표적인 맥캘란과 발베니와 같은 대형 위스키 증류소들은 효율성을 위해 대략 50~60시간 까지만 발효를 진행하나 몇몇 증류소에서는 조금 더 특성 있는 향들을 만들어내기 위해 시간이 조금 더 걸리더라도 100시간 이상 발효를 진행하기도 한다.

이렇게 만들어진 7~9도의 발효액을 영국에서는 워시Wash라고 부르며 미국에서는 증류사들의 맥주(Distiller's Beer)라고 부르고 있다.

여섯 번째

증류 Distillation

증류의 과정은 발효과정에서 만들어진 발효액을 끓여 알코올을 추출해 내는 과정이다. 몰트 위스키를 만드느냐, 그레인 위스키를 만드는 지에 따라 증류의 형태가 달라지게 되므로 구분을 해서 설명하려 한다.

일반적으로 증류에는 단식 증류 방식과 연속식 증류 방식이 있다.

비교적 전통 방식인 단식 증류는 고도수를 만들기 위해 2~3번 증류를 해야하고 한 번 증류를 할 때 시간이 오래 걸리지만 고유의 풍미를 유지할 수 있다는 장점이 있어 몰트 위스키를 만드는 곳들과 일부 버번 증류소에서도 사용하고 있다. 100% 단식 증류를 하는 버번 증류소로는 힐락Hillrock, 킹스 카운티King's County 등이 있다(효율성 ↓ 스피릿 자체의 풍미 ↑).

반면 1800년대부터 개발된 연속식 증류의 경우에는 이름 그대로 연속으로 증류가 되면서 정제가 되기에 높은 도수의 알코올을 지속적으로 얻어낼 수 있다(효율성 ↑, 스피릿 자체의 풍미 ↓). 95도

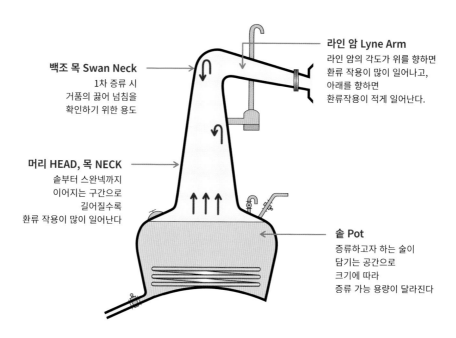

라인 암 Lyne Arm
라인 암의 각도가 위를 향하면
환류 작용이 많이 일어나고,
아래를 향하면
환류작용이 적게 일어난다.

백조 목 Swan Neck
1차 증류 시
거품의 끓어 넘침을
확인하기 위한 용도

머리 HEAD, 목 NECK
솥부터 스완넥까지
이어지는 구간으로
길어질수록
환류 작용이 많이 일어난다

솥 Pot
증류하고자 하는 술이
담기는 공간으로
크기에 따라
증류 가능 용량이 달라진다

* 증류기에 구리를 사용하는 이유는 가격 대비 열 전도율이 좋고 황화합물 등 불순물과 냄새를 흡착하기 때문이다.

미만의 알코올까지 만들어낼 수 있지만, 너무 높은 도수의 알코올을 추출할 경우 가지고 있는 풍미가 많이 사라지게 된다. 그래서 버번 증류소들에서는 1차 증류를 연속식 증류기를 이용하고 더블러 Doubler라 불리는 비교적 작은 사이즈의 증류기에서 2차 증류를 하며 법적으로 최종적인 증류 원액은 80도 미만의 알코올만 추출하게 제한하고 있기도 하다.

증류 과정의 경우에도 고려해야할 부분이 많다.

1. 어떤 구성의 단식 증류기를 사용할 것인가

증류소의 랜드마크라고 할 수 있는 것이 무엇이 있을까? 다른 생산 공정에서는 외관적으로 눈에 띄는 차이를 크게 찾아보기 어렵지만 뚜렷한 외관적 차이가 있고 증류소 위스키의 특징을 보여주는 것이 바로 증류기의 형태이다. 증류기의 모양에 따라 환류작용에 영향을 주며, 환류가 많을수록 술이 가볍고 과실향의 느낌이 강해진다면 적을 수록 묵직한 느낌이 강해진다.

2. 컷, 스피릿을 어떻게 3가지로 나눌 것인가

2번의 증류 중 1차 증류의 경우에는 20~25도의 낮은 도수의 술 Low Wine (원래 와인은 포도로 만든 양조주뿐만 아니라 일본의 사케Sake처럼 술을 지칭하는 대명사이다)이 만들어지게 된다. 그리고 이를 2차 증류를 하게 되고 높은 도수의 스피릿(New Maker Spirit)이 만들어지게 되는데, 여기서 증류에서 가장 중요한 부분이라고 할 수 있는 컷Cut이라는 과정이 필요하다. 2차 증류를 하게 되면 오크통으로 들어가 숙성이 될 부분(본류 Middle Cut)과 재증류를 할 부분(초류 Foreshot, 후류 Feints)을 구분 해야 하기 때문이다.

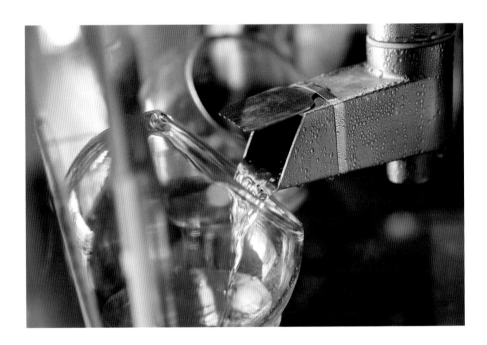

초류 Head, Foreshot 76~85도

2차 증류 시 초반 30분 정도까지 증류되어 나오는 높은 도수의 증류액이며
여러가지 향미 성분들이 많이 포함되어 있지만,
메탄올 등 인체에 치명적인 성분이 포함되어 재증류에 사용된다.

본류 Heart, Middle Cut 64~76도

초류를 컷한 다음 부분으로 향미 성분도 많고 음용에도 문제가 없는 부분으로
오크통에 채워지는 과정이다. 증류소에 따라 본류를 잡는 기준은 다르며,
본류를 조금만 가져갈 경우에는 맛과 향이 뛰어나지만 술을 조금만 채울 수 있고,
많이 가져갈 경우에는 채울 수 있는 술은 많지만 본류를 조금 가져가는 것에 비해
맛과 향이 조금 부족할 수 있다.

후류 Tail, Feints 1~64도

본류를 컷한 다음 부분으로 마실 수는 있지만 좋지 않은 향미 성분들을 포함하고 있어
초류와 함께 재증류에 사용된다.

그리고 컷을 통해 만들어진 뛰어난 풍미를 가진 스피릿은 증류소마다 제각각의 맛과 향을 가지며
위스키의 DNA라고 할 수 있다.

✓ 마스터 디스틸러 Master Distilller

컷을 하는 과정은 술의 치명적인 부분을 제거하는 과정인 동시에 숙성이 될 스피릿의 맛을 결정
하는 과정이기에 가장 뛰어난 맛과 향을 담아내야 한다. 아무리 AI가 발달하였다고 하더라도, 날씨,
발효액의 상태 등 다양한 변수에 따라 맛이 달라지는 것을 바로바로 체크하기 어렵기 때문에 이 부
분은 사람이 직접 본류의 맛과 향을 체크하며 진행되며, 생산 전체적인 책임과 스피릿의 맛을 결정
하는 최고 책임자를 마스터 디스틸러Master Distiller라고 부르게 된다.

클라이드사이드 증류소의 증류기

일곱 번째 **숙성**

　숙성 과정은 증류에서 만들어진 증류소의 DNA를 가진 투명한 스피릿이 오크통 속에 채워지고 시간을 보내면서 복합적인 맛과 향을 가진 위스키로 변신하는 후천적인 과정으로, 일란성 쌍둥이라 할지라도 사람이 성장을 하면서 어떤 성장 환경에서 자랐는 지에 따라 다른 사람으로 성장하는 것처럼 위스키도 어떤 오크통과 숙성 환경이었는지에 따라 각기 다른 위스키로 바뀐다.

쓰리소사이어티스 증류소의 숙성고

틈새 이야기
통입이 뭘까?

　스피릿을 오크통에 채우는 과정을 통입(Filling)이라 하는 데 이 때는 증류 원액을 그대로 채우는 것이 아닌 57도에서 64도 내외로 희석하여 오크통을 채우게 된다. 해당 도수 내에서 일반적으로 통입을 하는 이유는 오랜 연구를 통해 스피릿이 오크통과 상호작용을 하면서 숙성하기에 가장 좋은 도수임을 확인하였기 때문이다. 물론 높은 도수로 채우게 되면 오크통을 적게 쓸 수 있다는 경제적인 부분이 있기에 높게 채우는 경우도 있다.

　스코틀랜드의 경우에는 법적으로 정해진 바는 없지만 일반적으로 63.5도 정도로 채우고 있으며, 미국의 경우에는 오크통 사용량을 활성화하기 위해 62.5도 이하로 채워야 하는 것으로 법이 규제되어 있다. 한국의 경우에는 60도 이상의 알코올을 400L 이상 보관을 하게 되면 위험물로 규정하기 때문에, 60도 이상으로도 채울 수는 있지만 보관 방법이 까다롭고 현실적으로 제한된다. 이에 한국에서는 원액을 60도 미만으로 희석하여 오크통을 통입하게 된다.

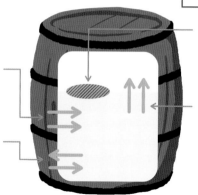

산화
공기 중의 산소가
위스키와 반응하여
새로운 맛과 향을 만들어낸다

추출
오크통 속 스피릿은
나무에서
풍미와 향을 추출한다

증발
소량의 위스키가
시간이 지남에 따라 증발하여
더욱 농축된 풍미를 제공한다

여과
위스키는 나무를 통해 걸러져
불순물을 제거하고
풍미를 부드럽게 한다

* 엔젤스 쉐어 Angels' Share
숙성 간에 위스키가 증발되는 것을 천사의 몫, 엔젤스 쉐어라고 부른다. 덥고 건조한 기후에서는 천사는 더 많은 욕심을
부려 더 많은 위스키를 가져가고, 춥고 건조한 기후에서는 욕심을 조금만 부려 더 적게 위스키가 증발되게 된다.

어떤 오크통에서 숙성할 것인가

이 질문에 대해서는 꼬리에 꼬리를 무는 질문들이 이어진다. 숙성의 방법에 대해서는 정말 다양
한 부분이 있고 여러가지 질문들이 나올 수 있지만 필자가 생각하는 3가지 정도의 질문으로 정리해
보았다.

1. 얼마나 굽고 태울 것인가 토스팅 Toasting과 챠링 Charring

오크통을 만들 때는 약한 불에서 오랜 시간 나무를
굽는 과정인 토스팅과 강한 불에서 짧게 태우는 과정
인 챠링이 진행된다. 와인을 사용했던 오크통의 경우
대부분 토스팅까지만 진행을 하지만, 위스키의 경우
에는 토스팅과 챠링 모두 진행이 하는 편이다.

토스팅을 진행하는 목적은 오크통 내부의 불순물을
제거하고, 향미 성분을 끌어올리기 위함으로, 토스팅
의 강도가 세짐에 따라 위스키의 바닐라와 스파이스
의 풍미가 강해지는 영향을 주게 된다.

챠링을 하는 이유는 나무의 결을 갈라질 정도로 태
워 술과 접하는 표면적을 넓히고, 숯이 된 표면은 좋
지 않은 성분들을 제거하는 역할을 하기 때문이다.
또한 나무 속의 여러가지 성분들이 위스키에 쉽게 녹
아들 수 있게 하는 역할을 한다. 태우는 강도에 따라

위스키의 색, 카라멜, 꿀의 풍미가 강해지는 여향을 주게 된다.

2. 어떤 것을 숙성했던 오크통에 숙성할 것인가

왜 사람들은 버번, 쉐리, 럼, 코냑 오크통 등이 숙성되었던 오크통을 재사용하여 숙성을 하기 시작한 걸까? 그 이유는 이전에 담겼던 술의 영향이 위스키에 묻어나오기 때문이다. 한 번도 술을 채운적이 없던 버진 아메리칸 오크 배럴과 버번 위스키를 담았던 배럴의 경우에는 아메리칸 스탠다드 배럴(ASB; American Standard Barrel) 규정으로 안에 술을 담았는 지 아닌 지에 따른 차이를 제외하고는 다른 점이 없다.

하지만 한 번도 채우지 않았던 오크통의 무게를 재면 대략 44~48kg이며, 한 번 버번 위스키를 숙성했던 버번 배럴의 경우에는 무게가 대략 52~58kg정도 나간다. 술을 한 번 채웠던 오크통은 한 번도 채우지 않은 오크통과 10kg 정도가 차이가 나는 것이다. 이는 오크통의 나무 속에 전에 숙성을 시킨 약 10L의 술이 담겨있다는 의미로, 이는 대략 5%의 다른 술이 섞인다는 뜻이다. 오크통 속에 배여든 술의 풍미들까지 고려하면 더 큰 변화를 주고 있다고 볼 수 있다.

틈새 이야기

2019년,
스카치 위스키에 불어온 새로운 혁신의 바람

2018년 1월, 월스트리트 저널에서 한 가지 보도자료를 작성한다. 그들이 확인한 디아지오의 극비 문서에서 '디아지오가 돈 훌리오 데킬라Don Julio Tequila를 숙성했던 오크통에 위스키를 숙성하고자 하였고, 이를 위해 스카치 위스키 협회(SWA; Scotch Whisky Association)에 가능 여부를 확인하기 위한 태스크 포스팀을 구성 했었다'라는 내용으로, 당시에는 SWA에서 그 해당 내용을 거절하였다고 한다. 스카치 위스키 전통적으로 사용해온 오크통이 아니기에 새로운 오크통을 사용할 수 없다는 규정 때문이었다. 위스키 시장이 커지면서 시장의 다양성을 추구하는 니즈는 계속 커져갔고, 결국 2019년 SWA는 혁신을 위해 규정을 바꾸는 결정을 하게 된다. 새로 바뀐 규정에 따르면,

새 오크통, 와인, 맥주, 증류주를 숙성했던 오크통에 숙성할 수 있으나, 핵과류를 이용해 만든 술을 담았던 오크통이나 발효 또는 증류 후 과일, 향료, 감미료가 첨가된 술의 오크통은 사용할 수 없다.

제한이 되는 부분은 여전히 있지만 앞으로 스카치 위스키에서는 더 다양한 캐스크를 사용한 변화된 위스키를 만나볼 수 있을 것으로 전망된다.

3. 몇 번째 사용했던 오크통에 숙성할 것인가

어떤 술을 채웠느냐 다음으로 사람들에게 중요한 것은 몇 번을 사용한 오크통에서 숙성했는가이다. 한 번도 사용하지 않은 오크통을 버진오크Virigin Oak 혹은 뉴오크New Oak라고 하며 숙성이 이뤄지는 증류소를 기준으로 몇 번 사용했는지에 따라 한 번 사용한 것은 퍼스트 필, 두 번 사용한 것은 세컨드 필, 세 번 사용한 것은 서드 필, 세 번 이상부터는 두리뭉실하게 리필이라고 부르기도 한다. 오크통을 몇 번 사용했는지가 왜 중요할까? 첫 번째 숙성을 할 때에는 오크통의 속에 배여든 술은 그 전에 담긴 술이 100%일 것이다. 하지만 두세 번째 숙성을 한 오크통에는 그전에 채운 술들이 배여들면서 맨 처음 담겼던 술의 특징이 조금씩 줄어든다. 우리가 차를 마실 때 여러 번 우려 마실 때마다 차의 색, 맛, 향이 모두 변하듯, 위스키도 몇 번을 사용했는 지에 따라 변화한다.

위스키에 대한 오해 5

위스키에 있어 숙성기간은 절대적이다?

위스키의 숙성기간은 상대적이다. 위스키는 투명했던 스피릿이 오크통과의 상호작용을 통해 색, 맛, 향 여러가지 풍미들을 가지게 되는 과정을 거친다. 그렇기 때문에 오크통과의 상호 작용이 많이 될 수 있다면 숙성도는 더 올라간다. 위스키의 숙성도에 영향을 주는 것은 크게 두 가지가 있다.

1. 오크통의 크기

오크통의 크기가 작아질 수록 통입된 스피릿의 양 대비 오크통과 접하는 스피릿의 양은 점점 커진다. 그렇기에 같은 기간 동안 숙성을 하였을 때 오크통과 상호 작용한 스피릿의 비율이 더 높아져 위스키의 숙성도가 더 높아지게 된다.

2. 기후 환경

오크통은 나무이기 때문에 더울 때는 오크통 속 스피릿을 나무가 흡수하여 머금고, 추울 때는 나무 속 술을 내보내며 상호 작용하게 된다. 스코틀랜드는 더울 때 20도 후반, 추울 때 영하 5도(연교차: 35도), 위스키의 숙성이 빠르다고 알려져 있는 대만과 인도의 증류소가 위치한 곳의 경우에는 더울 때 30도 후반, 추울 때 영하 10도 정도다(연교차 50도). 그래서 이런 높은 상호 작용으로 스코틀랜드에서 10년 이상 숙성 수준에 도달하는 데 대만과 인도는 6년 정도 걸리는 것으로 보고 있다. 한국은 이 두 곳보다 연교차가 큰 지역들이 있는데, 이 곳에서 위스키를 숙성한다면 더 많은 상호작용을 하여 더 멋진 퍼포먼스를 보일 수 있지 않을까 기대해본다.

여덟 번째
블렌딩 Blending

숙성이 되면서 오크통 속 위스키의 풍미는 점차 아래와 같이 변화해간다. 그리고 숙성에서 말했던 것처럼 같은 날 증류한 스피릿이라 할 지라도 각기 다른 오크통에서 숙성한 위스키는 다른 맛을 나타내게 된다. 이 과정에서 더 좋은 향을 가진 위스키가 될 수도 있고 별로인 위스키가 될 수도 있다. 또한 시대가 바뀌면서 생산 방식에 변화가 생기는 것으로도 위스키의 맛의 변화가 있을 수 있다.

소비자의 입장에서 특별한 한정판 제품이 아닌 이상 위스키의 맛과 향이 들쭉날쭉 하다면 품질관리가 안 된다고 생각할 수 있다. 그렇기에 매번 일관성 있는 맛을 만드는 데 필요한 과정이 블렌딩이며, 블렌디드 위스키뿐만 아니라 싱글몰트도 역시 블렌딩의 과정이 필요하다.

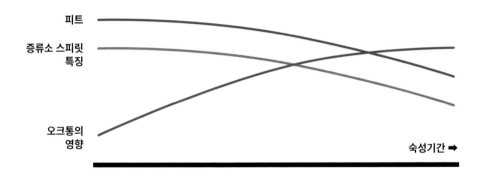

오크통 속 위스키의 풍미 변화

피트

증류소 스피릿 특징

오크통의 영향

숙성기간 ➡

✓ 마스터 블렌더 Master Blender

블렌딩을 책임 지고 있는 블렌더는 제품을 생산을 할 때마다 매번 맛과 향이 다른 수십, 수백 개의 오크통의 샘플을 맛보고 관능적으로 구분하고, 이를 이전에 만들었던 위스키와 같은 맛을 최대한 비슷하게 만들어 내야 하는 역할을 맡는다. 그렇기에 이런 원액을 제품화할 지, 더 숙성할지를 관리하고 어떤 어떤 오크통의 원액을 사용해 위스키를 생산할 지 관능적인 부분을 이용해서 지휘하는 사람을 마스터 블렌더라고 부른다.

위스키들의 결혼, 메링 Marrying

각기 다른 맛과 향, 특징을 가진 위스키들을 섞어서 하나의 위스키를 만들고자 할 때 단순히 섞게 되면 위스키들이 섞이는 것이 아니라 각기 다른 도수의 비중차로 층이 지고 맛들이 어우러지지 않는다. 그렇기에 위스키 업계에서는 이런 블렌딩의 마지막 단계를 결혼한다는 의미의 메링이라고 부른다. 각기 다른 남녀가 만나서 하나의 가정을 이루고 하나의 목적을 만들어 가는 것처럼 위스키 역시 각기 다른 풍미를 가진 위스키가 어우러지게 만든다는 의미다. 이런 메링 과정이 이뤄지는 것은 스테인레스 탱크 혹은 메링 툰Marrying Tun 큰 사이즈의 통에서 이뤄진다. 메링 툰의 나무는 위스키 풍미에 영향을 주지 않기 위해 숙성이 거의 이뤄지지 않는 나무를 사용해서 만들어진다. 그 안에서 어느 정도 안정화가 이뤄지기도 하지만 병에 담기 전에는 위스키의 비중 차로 층이 지게 되기도 한다. 그래서 병입을 하기 전에는 펌핑을 통해 여러 위스키들이 잘 융화될 수 있게 만드는 것이 중요하다.

틈새 이야기
나만의 블렌드 위스키,
인피니티 보틀이라고 들어 보셨는가?

위스키를 마시다 보면, '조금만 더 피트 했으면 좋겠는데', '조금 더 바닐라 노트가 강했으면 좋겠는데' 등. 뭔가 100% 완벽하진 않고 아주 조금씩 아쉬움이 남을 때가 있을 것이다. 이런 생각이 드시는 사람이라면, 나만의 인피니티 보틀을 만들어 보시는 것을 추천한다.

인피티니 보틀을 만드는 방법은 간단하다. 술장에서 이 술이 이런 풍미가 강한데 살짝 섞으면 되지 않을까? 생각에서 그치는 것이 아닌 실제로 시도해보는 것이다. 처음에는 50ML 조그맣게, 어떤 비율이 맞춰졌다 생각하면 조금씩 병의 사이즈를 키워 나가보고, 나만의 블렌디드 위스키를 만들 수 있다. 이런 과정들을 통해 주류상점에서 자신만의 블렌디드 위스키를 성공시킨 사례가 지금의 조니워커와 발렌타인 위스키다.

첫째 날
세 번째 잔

위스키를 즐기는 방법

위스키를 즐기는 건 어디서부터 시작해야 할까?

첫 번째 잔과 두 번째 잔을 통해 위스키라는 술에 대한 이야기를 듣고 간접적으로 조금 알아갈 수 있었을 것이다. 하지만 전 세계에 위스키는 정말 다양하고, 책을 읽고 있는 이 순간에도 새로운 위스키가 만들어지고 있다. 이제는 위스키를 직접 마주하고 위스키와 심도 깊은 맛과 향에 대한 대화를 나눌 것이다. 그러기 위해서는 위스키를 만날 수 있는 곳으로 찾아가야 한다.

위스키를 만날 수 있는 곳

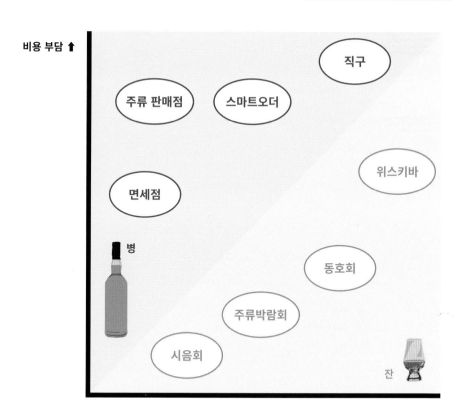

위스키를 만날 수 있는 곳

1. 위스키 바

위스키 바

특징	가격대	
	엔트리 기준 1잔	테이스팅 세트 4잔
다양성		
전문가 설명 및 추천	1.0 ~ 2.5	6.0 ~ 10.0
취향 알아가기 좋음		

위스키를 만나기 가장 쉬운 곳은 위스키 전문 바를 방문해보는 것이다. 위스키 바의 장점으로는 다양한 위스키를 보유하고 있으며, 잔 술로 여러가지 위스키를 조금씩 맛볼 수 있다는 점으로, 전문적인 지식을 가진 바텐더에게 추천을 받아 자신이 좋아하는 취향에 맞는 위스키를 찾거나 위스키와 관련된 이야기들을 들을 수 있다는 점 역시 메리트가 있다.

월드클래스 바텐더*가 말하는 위스키 바 이용 팁

1. 위스키 바 고르기

위스키를 바에서 다양하게 경험해보기를 원한다면, 바텐더의 시간을 많이 이용할 수 있는 위스키 바로 유명하지만 덜 바쁜 곳으로 가볼 것을 권한다. 바텐더가 여러 위스키들의 이야기를 자세히 들려줄 것이다.

2. 주문

전체 요청

예산을 정해 놓고 바텐더에게 추천을 부탁한다.

부분 요청

무엇을 마실지 조금은 생각하여 첫 번째 잔은 여유롭게 생각한 위스키를 시키고 음미하고, 두세 번째 잔 등은 바텐더에게 추천을 받는다.

테이스팅 세트

버티컬 같은 제품을 숙성도별로 구성된 세트

지역별 같은 지역 혹은 다른 지역의 위스키들로 구성된 세트

※ 몇몇 위스키 전문 바에서는 비싼 위스키 제품의 경우 '하프 - 기본 단위의 절반의 양'로도 주문이 가능하다

3. 같은 위스키를 니트, 온더락, 물을 타서 3가지 방법으로 즐겨본다

* 스왈로 김진환 오너 바텐더
디아지오 월드클래스 바텐더 한국 대회 우승, 비피터 믹스런던 세계대회 2위,
다수 위스키 행사 및 증류소 초청 방문

2. 위스키 모임

특징	참가비	
정보 교류	시음회 주대	BYOB
유료 시음회	모임 내 시음 주류에 대한 비용	참가자들이 소장하고 있는 위스키를 개별 지참하여 쉐어
BYOB		

같은 취미를 가진 사람들끼리 뭉치는 것처럼 위스키도 좋아하는 사람들끼리 모여 만든 모임들이 있다. 이런 모임에서는 각자 즐기는 위스키에 대한 정보 교류를 하기도 하고 자체적으로 모임 멤버

위스키 모임

들끼리 주제를 정해 오프라인 모임을 진행하기도 한다.

 이 때 모임 주최자가 모든 주류를 구매하고 참가자 인원 수로 1/N 하여 비용 부담을 하는 형태로 하거나 각자 위스키를 1병씩 지참하여 서로 가진 위스키를 나눠서 즐기는 BYOB 형태로 진행되기도 한다.

3. 위스키 팝업 또는 시음회

위스키 시음회

특징	참가비	
전문가 설명	무료	유료
단일 브랜드 시음		

　위스키를 제조하거나 수입하는 회사들의 경우에는 자사의 제품들을 홍보하기 위해 팝업행사 혹은 시음회를 진행하기도 한다. 홍보를 목적으로 진행하기에 무료로 진행을 하거나 비교적 저렴한 금액의 참가비를 내고 참가할 수 있다. 이 때 참가를 하게 되면 브랜드 앰배서더 혹은 담당자가 직접 제품에 대한 설명을 해주기에 해당 브랜드에 대한 다양한 주류 시음 및 지식을 습득하기 용이하다.

4. 주류 박람회

주류 박람회

　해외의 경우에는 종류가 다양하여 위스키로만 구성된 박람회나 페스티벌이 있기도 하다. 아쉽게도 국내에는 위스키로만 진행되는 행사는 없고 다른 주종들과 함께 박람회나 페스티벌을 진행하며 이 안에 몇몇 제조 및 수입사들이 위스키 부스들이 운영하는 형태이다. 이와 같은 행사장에서는 조금 더 다양하고 할인가로 위스키 구매 혹은 시음을 할 수 있다.

특징
다양한 위스키 경험
위스키 클래스
할인가 구매
입장료 유료

국내외 대표적인 주류 박람회

서울 국제주류&와인 박람회 | 매년 6월 | 코엑스
우리나라에서 가장 오래된 종합 주류 박람회로 위스키를 포함하여 와인, 맥주 전통주 등을 다양하게 만나볼 수 있다. 과거에 비하면 위스키보다는 와인, 전통주의 비중이 높은 편이다.

서울 바앤스피릿쇼 | 매년 7월 | 코엑스
2021년 시작된 주류 박람회로 이름처럼 한국의 '바'와 '스피릿'을 위주로 진행이 되고 있다. 국제주류박람회 대비 위스키의 비중이 높은 편이며, 위스키 마스터 클래스 및 인피니티 바와 같이 다양한 바의 칵테일을 한 자리에서 만나볼 수 있다.

위스키 라이브WHISKY LIVE | 국가별 기간 상이
2001년 영국에서 최초 개최된 이래 전 세계 주요 국가의 도시에서 개최되는 가장 유명한 위스키 박람회로, 오직 위스키를 주제로 진행하기에 다양한 위스키들을 즐기며 관람할 수 있다. 과거에는 국내에서도 진행하기도 하였으나, 아쉽게도 현재는 진행하고 있지 않다.

바 컨벤트BAR CONVENT | 국가별 기간 상이
전 세계적으로 바와 스피릿에 대해 소개하는 B2B 중심의 가장 큰 규모의 종합 주류 박람회로, 세계 각국의 위스키를 포함한 스피릿이 모이는 자리이기에 기회가 된다면 꼭 한 번쯤 방문해보시는 것을 추천한다.

5. 주류전문판매점

특징
주류 담당자의 안내
스토어픽 (일부 매장 제한)
유료 시음 가능 (일부 매장 제한)

과거에는 위스키를 구매할 수 있는 루트가 지금처럼 다양하지 않았다. 동네마다 드문 있던 로드샵 개념의 주류 백화점부터 도심 속 재래 시장에 위치한 주류 상점을 이용하는 경우가 있었다. 하지만 위스키 붐이 일고 난 이후에는 소규모 로드샵도 많이 늘어났으며, 와인앤모어와 보틀벙커, 그리고 몇몇 대형마트와 편의점 채널의 주류 특화 점포처럼 오프라인 구매 채널들이 많아졌다. 그리고 최근에는 규모가 있는 주류전문판매

주류전문판매점

점의 경우에는 특정 점포에서만 만날 수 있는 스토어 픽 제품을 취급하는 곳도 보이기 시작하였고, 위스키를 구매 전에 소량 유료 시음이 가능한 주류 판매점도 생겨나기 시작하였다.

6. 스마트오더

우리나라의 경우에는 전통주에 대해서만 제한적으로 온라인 구매 후 배송이 가능하다. 위스키의 경우에는 2020년부터 시행된 '스마트오더'라는 방식을 통해 온라인에서 구매는 가능하나, 수령은 오프라인 매장에서 직접 대면하여 픽업을 하는 형태로만 가능하다. 집 앞까지 배송이 안되는 것이 아쉽기는 하지만 소비자는 집 근처의 가까운 음식점이나 편의점에서 픽업이 가능하기에 접근성이 보다 높아졌고, 판매자는 매장 내 재고 관리의 부담이 줄어 들었기에 서로 상부상조하는 관계가 되었다. 주류 문화가 발전하고 시장이 커져 감에 따라 제도적 보완을 통해 추후에는 집에서 수령하는 부분까지 이뤄지기를 기원해본다.

특징
높은 접근성
오프라인 대비 구매 선택지의 다양성

7. 면세점

위스키를 좋아하는 사람이라면 제주 혹은 해외 여행을 갈 때 꼭 들르는 곳이 면세점의 주류 매장이다. 아무래도 국내는 높은 주세 및 교육세 등으로 면세 제품과 내수 시장의 가격 차가 큰 편이기 때문에 한국 땅에서 가장 싸게 위스키를 구매할 수 있는 곳이 곳 면세점이기 때문이다. 면세의 장점으로는 저렴한 가격도 있지만 면세에서만 판매하는 제품 라인이 있고 또한 같은 제품을 좀 더 큰 용량으로 만날 수 있다는 것이다. 과

특징
저렴한 가격대
면세 전용
면세 금액, 수량, 용량 제한 (총합 USD 400, 2병, 2L 이하)

면세점

거에는 제주 면세 특산품이라고 불리던 위스키도 있었지만 이제는 면세에도 종류가 너무 많아져서 좀 더 행복한 고민을 할 수 있게 됐다. 이런 장점이 있지만, 1인당 최대 2병, 총 2L, USD 400 이하여야 면세 혜택을 받을 수 있다는 점을 꼭 참고하고 구매하자.

8. 해외 직구

특징
다양한 위스키 선택지
국내 미수입 제품 구매 가능
집 앞으로 배송

우리나라와 달리 해외의 경우, 위스키의 온라인 거래가 굉장히 활성화 되어있다. 그리고 시장의 규모가 큰 만큼 우리나라에 수입되지 않는 위스키를 포함해 굉장히 다양한 위스키들을 취급한다. 한국에서도 구매가 가능한데, 아이러니하게도 국내 '스마트오더'의 경우에는 결제만 하고 오프라인 매장에서 픽업을 해야 했는데 직구를 할 경우에는 집 앞까지 친절하게 배송이 된다는 장점이 있다. 하지만 경우에 따라서 제품 자체의 가격은 쌌을지라도 국내에 수입될 때 세금을 포함하게 되면 국내보다 가격이 비쌀 수도 있으니 세금을 꼭 구매 전 계산해보는 것을 권장한다(운임 포함 150 USD 이하 1리터 이하 1병의 경우, 관세/부가세 면제).

9. 증류소로 떠나는 여행

여러분의 위스키생활을 조금 더 특별하게 만드는 방법은 위스키 증류소를 직접 가보는 것이다. 유명 작가 무라카미 하루키는 좋아했던 아일라 위스키를 따라 스코틀랜드 아일라로 떠나 '위스키 성지 여행'이라는 글을 쓰기도 했고, 필자 역시 40여개의 증류소들을 가보며 새로운 경험을 쌓은 적 있다.

증류소로 떠나는 여행

특징	
전문가 설명	저렴한 금액으로 제품 시음 및 구매
생산 과정 이해	증류소 전용 제품

여러분들도 좋아하는 위스키의 증류소를 방문해본다면 더욱 좋겠지만 거리, 시간적인 제약이 있기에 국내외 가까운 증류소라도 한 번쯤 방문하시는 것을 추천한다. 전문가의 설명을 통해 생산 과정에 대한 이해를 쉽게 할 수 있고, 위스키 바를 운영하는 곳이라면 위스키를 그 어느 곳보다 저렴하게 시음 및 구매를 할 수도 있다. 직접 병에 위스키를 채우고, 이름을 적을 수 있는 핸드필Hand-Fill 위스키가 있는 증류소라면 증류소 여행에 대한 기억은 더욱 더 특별해지지 않을까?

━━━━━━━━━━━ 틈새 이야기 ━┐
국내외 위스키 증류소 투어

1. 쓰리소사이어티스 증류소
한국 최초 싱글몰트 증류소
위치 경기도 남양주시
투어 비정기 운영
(진행 시 토요일 오전 10시,
    오후 1시)
가격 30,000원

2. 카발란 증류소

대만에서 가장 큰 싱글몰트 위스
키 증류소
위치 대만 이란
(타이페이에서 약 1~2시간 소요)
투어 상시 운영
(최소 일주일 전 이메일 예약)
가격 생산과정 투어 무료
(테이스팅 룸 이용 시 유료)

3. 야마자키 증류소

1923년 문을 열어 100년이 된 일
본 최초 싱글몰트 증류소
위치 일본 오사카
(오사카 시내에서 약 1시간 소요)
투어 한 달 전 홈페이지 예약
가격 생산과정 투어 1,000엔

4. 요이치 증류소

일본 위스키의 아버지 다케츠루
가 세운 싱글몰트 증류소
위치 일본 홋카이도 요이치
(삿포로 시내에서
약 1~2시간 소요)
투어 2주 전 홈페이지 예약
가격 기본 투어 무료

위스키 테이스팅 하는 방법

**이제 위스키가 내 앞으로 왔다.
어떻게 위스키를 즐겨야 할까?
위스키를 즐기는 데 맞는 방법이 따로 있는 걸까?**

위스키 테이스팅은 어떻게 하는 걸까? 어떤 잔에 어떻게 마시는 것이 올바른 방법일까? 위스키를 접하는 사람에게는 수많은 질문이 있지만, 답은 결국 정답은 마시는 사람이 만족한다면, 모든 방법이 올바른 방법이라는 것이다. 위스키를 어떻게 즐기면 좋은 지 알려준다고 해 놓고, 마시는 방법에 정답이 없다니 모순된다고 생각할 수 있을 것이다. 위스키를 마시는 방법은 상황과 기분에 따라 다르기 때문이다.

상상해보자, 무더운 여름, 밖에서 집에 들어오게 되면 무슨 음료가 떠오르는가? 얼음을 띄운 시원한 탄산감이 있는 음료를 떠올리고, 찾게 될 것이다. 반대로 추운 겨울에는 몸을 따뜻하게 데워줄 수 있는 음료가 떠오를 것이다. 위스키 역시 마찬가지다. 상황에 따라 위스키를 즐기는 법이 달라질 수 있다. 니트로 마시거나 얼음을 넣은 온더락으로 마시거나, 탄산까지 넣은 하이볼로 마시거나 다양한 방법 중 본인에게 만족감을 주는 영역이 더욱 큰 방법을 선택해 즐기면 될 것이다.

위스키를 즐길 수 있는 여러 방법을 소개하기 앞서, 위스키 전문가로 세계적으로 알려져 있는 찰스 맥린Charles Maclean이 추천하는 위스키 마시는 방법에 대해 다음과 같이 이야기했다.

*위스키를 마시는 방법에는 '유흥Enjoyment'과 '관능Appreciation'의 영역이 있습니다.
어떤 방법으로 즐길지는 본인의 선택이죠.*

유흥과 관능

앞선 찰스 맥린의 말을 조금 더 풀어보면, 위스키를 마실 때 단순히 즐기기 위한 목적을 가지고 마시는 것이라면 유흥의 영역일 것이고, 위스키의 대한 주관적인 평가를 내리기 위한 목적성이 강한 것이라면, 관능의 영역이라 할 수 있을 것이다. 결국 그의 말은 이 두 가지의 비중에 따라 위스키를 즐기는 방법도 달라진다는 의미로 해석할 수 있다.

유흥
마시는 방법에 제한을 두지 않음
어떤 사람과 어떤 공간에서 마시는 지 상황적인 요소에 따라 변경

관능
비판적인 자세로 위스키를 즐기는 것으로 개인적인 좋고 그름을 평가
관능 평가를 통해 복합적인 향과 맛을 느끼는데 초점

따라서 위스키를 즐기기 위해서는 관능적으로 평가하기 보다 각자의 만족감에 기준을 두고, 유흥적으로 마시는 방법에 제한을 두지 않고 즐기는 것이 좋다고 볼 수 있다.
지금부터는 각자의 만족감을 높일 수 있도록 다양한 위스키를 즐기는 방법에 대해 소개하려 한다.

위스키 즐기기 1단계
잔의 선택

위스키를 즐기기 위해서는 잔을 고를 것부터 시작이다. 위스키를 마시는 잔은 정말 다양한 종류가 있다. 잔의 모양에 따라 샷Shot 글라스, 텀블러Tumbler 글라스, 롱Long 글라스, 튤립Tulip 글라스, 칵테일Cocktail 글라스l 등으로 구분할 수 있고, 위스키의 풍미를 조금 더 많이 느끼게 도움을 주는 데 초점을 맞춘 노징Nosing 글라스도 있다. 가장 대중적인 위스키 노징 글라스는 글렌캐런Glencairn 글라스이지만, 그 외에도 다른 코피타Copita 글라스, 스니프터Sniffter 글라스, 니트Neat 글라스, 1920 블렌더1920 Blender 글라스 등 다양한 위스키 잔이 있다.

샷 글라스　　　텀블러 글라스　　　롱 글라스　　　튤립 글라스　　　칵테일 글라스

노징 글라스의 경우에는 향을 모아주는 잔과 향을 열어주는 잔의 형태가 있는데, 강한 향과 높은 도수의 위스키에 익숙하지 않다면 향을 모아주는 잔을 사용하였을 때 알코올 높은 도수에 코가 금방 지쳐, 다양한 향기들을 맡기 어려울 수도 있으므로 주의해야 한다.

실제로 글렌캐런 잔이 가장 대중적인 노징 글라스이기는 하지만, 심사를 할 때에는 그런 영향을 고려하여 코피타 잔이나 니트 잔을 사용해 평가하기도 한다.

위스키 즐기기 2단계
어떻게 마실 것인가

위스키를 마시는 방법은 다양하다. 높은 도수의 위스키 자체로만 즐기거나, 도수를 희석해서 마시거나, 아니면 칵테일로 즐기는지에 따라 다양한 표현으로 불린다. 대표적으로 니트, 스트레이트, 업, 온더락, 칵테일 등으로 구분할 수 있다.

1. 니트 Neat, 스트레이트 Straight
니트와 스트레이트는 위스키를 섞는 것 없이 위스키 그 자체로 잔에 따라 제공되는 것을 말한다. 차갑게 제공하는 것이 아닌 상온 그 자체로 위스키를 만나는 방법이다.

2. 업 Up
위스키에 얼음을 넣고 젓거나 흔든 이후 얼음 없이 잔에 걸러 따르거나 차가운 잔에다가 제공되는 방법을 말한다. 위스키를 차갑게 마실 경우, 위스키가 가지고 있는 알코올이나 나쁜 향들이 가려지는 장점이 있지만 이외의 다른 향들도 가려질 수가 있다는 점도 고려해야 한다.

3. 온더락 On the rock
얼음 위에 위스키를 부어 제공하는 것을 의미한다. 시간에 지남에 따라 얼음이 녹아가며 물과 위스키가 섞이면서 또 다른 향들을 만들어주게 된다.

4. 칵테일
위스키가 가진 또 다른 매력을 만나 볼 수 있는 방법으로, 다른 음료 혹은 술들과 섞어 또 위스키의 강점을 부각시킬 수도 있다.

당신의 취향을 사로잡을 추천 칵테일

20ml = 소주잔 기준 0.5잔, 40ml = 소주잔 기준 1잔, 60ml = 소주잔 기준 1.5잔

올드 패션드
준비물: 위스키, 설탕, 비터, 오렌지 껍질

도수: 30-40도

위스키를 희석을 하지 않았기에 도수가 높은 편이며, 비터와 오렌지의 풍미가 위스키 칵테일의 한 모금을 처음에는 달달하면서 묵직하게 시작하나, 마무리를 시트러스하게 마무리해준다.

위스키 사워
준비물: 위스키, 레몬주스, 설탕, 계란 흰자(선택)

도수: 25~30도

레몬주스와 설탕의 조합으로 상큼하게 즐길 수 있는 위스키 칵테일로, 계란 흰자를 넣고 만들게 되면 조금 더 부드러운 폼과 함께 즐길 수 있다.

페니실린
준비물: 논피트 위스키, 피티드 위스키, 스윗버무스, 비터, 레몬주스

도수: 20~25도

논피트 위스키와 피트 위스키를 함께 사용하는 칵테일로 피트 위스키를 칵테일 위에 띄우기에 피트 위스키의 향과 맛을 느끼며 이어지는 상큼하고 복합적인 칵테일을 만날 수 있다.

위스키 하이볼
준비물: 위스키, 믹서

도수: 10~20도

일반적으로 위스키 1, 믹서 3~4의 비율로 만드나, 개인의 취향에 따라 술이나 음료의 비율을 다르게 해서 즐기는 것을 추천한다.

위스키와 잘 어울리는 믹서들

소다워터

가장 클래식하고 전통적인 위스키 하이볼을 만들 때 사용하는 믹서로, 탄산과 약간의 쓴맛이 위스키의 맛을 부각시켜준다.

토닉워터

해외 토닉워터의 경우, 퀴닌이라는 첨가물을 통해 일반적인 소다수보다 조금 더 쓴 맛이 강한 편이지만, 국내 토닉워터의 경우에는 퀴닌 대신 퀴닌향이 첨가되어 있고, 훨씬 더 단 맛이 강한 편이라, 호불호가 있을 수 있다.

진저에일

달콤쌉사름하면서도 약간의 스파이스가 있는 믹서로, 강한 풍미를 가진 위스키와 잘 어울리며 한층 더 복합적인 풍미를 제공한다.

콜라

콜라의 맛과 향 자체가 강해 위스키의 본연의 맛을 가릴 수가 있다. 믹서로, 콜라도 좋은 선택이기는 하나, 콜라로 하이볼을 만들 때에는 콜라의 맛과 향에 가려지지 않는 강한 풍미를 가진 위스키와 섞는 것을 추천한다.

위스키에 대한 오해 6

위스키를 온더락이나 칵테일로 마시는 건 위스키를 제대로 즐기는 방법이 아니다?

위스키를 어떻게 즐기느냐는 순전히 개인의 취향이다. 니트, 업, 온더락, 칵테일로 즐기는 것은 잘못된 것이 아니며, 남들이 위스키를 니트로 도수 높은 50도 후반의 위스키를 마신다고 해서 부러워할 필요가 없다. 『어린왕자』라는 책을 어릴 때 읽는 것과 어른이 되어서 읽고 느끼는 감상이 다르듯이 위스키도 기분이 좋고, 나쁠 때, 위스키의 도수에 얼마나 익숙한 지에 따라서도 모두 다르다는 것이 필자의 생각이다.

그렇기에 남들의 주장에 휩쓸리지 말고 여러분이 위스키를 가장 맛있게 마실 수 있는 방법을 찾고, 그 방법으로 위스키를 제대로 즐기는 것이, 위스키를 가장 맛있게 마시는 방법이라 말하고 싶다.

위스키 즐기기 3단계

체이서 & 안주 조합

체이서Chaser는 추격자라는 뜻처럼 위스키의 한 모금 뒤에 따라오는 한 잔의 음료를 뜻한다. 체이서는 위스키의 도수와 강한 풍미들이 다음의 위스키 한 잔을 마실 때 부담을 줄 수 있기에 한 잔의 물 또는 단맛이 강하지 않은, 하이볼에 사용되는 믹서들로 입 안을 씻어주어 다음의 한 잔을 더욱 즐겁게 마시게 해주는 역할을 한다. 해외의 경우에는 피클 백Pickle back, 비어 백Beer back처럼 산미와 소금기 있는 피클 주스 또는 맥주를 마시는 경우도 있다.

최고의 안주가 물이라는 사실에는 부정할 수는 없지만, 안주의 조합을 찾을 때에는 2가지를 참고해서 다음 잔의 위스키를 더욱 즐길 수 있으면 한다.

1. 위스키의 풍미를 더욱 배가 되게 만드는 안주들.

어떤 위스키를 마실 지 결정되었다면, 한번 그 위스키가 어떤 맛과 향을 보고 떠오르는 안주를 찾아보는 게 좋다. 쉐리 위스키의 경우에는 맛이 강하지 않은 육포, 견과류도 좋지만 쉐리 와인의 찐득한 풍미도 있어 마이구미 포도 젤리 같은 것도 같이 먹으면 더 진하게 느껴질 수 있다.

2. 맛과 향이 너무 강하지 않은 안주들.

한국에서는 희석식 소주에 너무 익숙해져 소주의 쓴 맛을 가리기 위해 술을 마신 후에 쓴 맛을 가리거나 입을 씻어내기 위한 맵거나 국물 안주들이 많은 편이다. 그래서 소주 한 잔, 안주 한 점 이런 식으로 술을 마시는 풍경을 흔히 볼 수 있다.

하지만 위스키의 경우에는 이미 많은 사람들을 통해 여러가지 좋은 풍미들을 만들어 낸 것이기 때문에 위스키 칵테일이 아닌 위스키로만 즐길 경우, 안주를 먹기보다 안주를 먹은 후에 위스키를 마셔 그 풍미를 이어서 가져가는 것이 더 재밌게 위스키를 즐길 수 있는 방법이라 개인적으로 생각한다. 그렇기에 안주 한 점, 위스키 한 잔 순으로 즐기기는 방법을 추천하는데, 이때 먼저 먹는 안주는 위스키의 풍미를 가릴 수 있는 맛과 향이 너무 강한 음식은 피하는 것이 좋다.

위스키를 조금 더 전문가처럼 마셔보기

위스키 업계에 종사하면서, 그리고 위스키 증류소 40여 곳을 방문하면서 많지는 않지만 마스터 디스틸러, 마스터 블렌더를 포함하여 업계에 계신 다양한 분들과 자리할 수 있었던 감사한 기회가 있었다. 그 중에는 평상 시에는 편하게 음식과 위스키를 즐기다 업무를 볼 때만큼은 날카로운 눈과 집중도를 보이며 테이스팅을 하는 경우도 있었고, 혹자는 평상 시에도 맛에 대해 예민하기 위해 10여 년 동안 음식에 간을 안 하거나 물에 씻어서 먹는 사람도 있었다. 그들처럼 아예 전문적으로 위스키의 맛과 향을 캐치하기에는 어려움이 있겠지만, 조금 더 전문가처럼 관능적으로 즐기기 위한 몇 가지를 방법을 안내하고자 한다.

1. 선입견을 버려라
색에 대한 선입견

종종 위스키의 색을 보고 위스키를 선택하는 사람도 있다. 과연 위스키의 색이 맛이나 향에도 영향을 줄까? 물론 미관상 진한 것을 좋아하는 사람도 있겠지만, 색은 맛과 향과는 전혀 관련이 없다. 우리는 위스키의 향과 맛을 조금 더 제대로 느끼기 위해서 색에는 너무 큰 신경을 쓰지 않는 것이 좋다. 실제로 위스키 평가를 할 때에는 투명한 잔으로 할 때도 있지만 검정색이나 파랑색 잔에 넣어 평가를 하기도 한다.

위스키에 대한 오해 7

위스키의 색이 진할 수록 깊은 맛을 낸다?

위스키의 색은 자연적으로는 얼마나 오크통을 태웠는지, 오래 숙성했는 지에 따라 색이 달라지기도 한다. 대표적으로 쉐리나 와인 캐스크의 경우에는 캐스크에 배어있던 와인들이 위스키와 섞여서 색을 만들어 내기도 한다. 그리고 첫 번째 잔에서 간단히 설명을 한 바와 같이 미국 버번 위스키를 제외하고는 인공적으로 E150이라는 색소를 통해 위스키의 색을 진하게 만들 수도 있다.

그렇기 때문에, 값이 비싼 위스키라고 모두 맛과 향이 뛰어난 것은 아닌 것처럼 색이 진하다고 해서 꼭 깊은 맛을 내는 게 아니라는 점을 알고 있으면 좀 더 슬기롭게 위스키생활을 즐길 수 있을 것이다.

맛에 대한 선입견

우리가 위스키를 시음할 때에는 남들이 블라인드로 제공하지 않는 한, 어떤 위스키인지 알고 마실 확률이 매우 높다. 위스키의 라벨만 보면 앞서 소개한 것처럼 기본적으로 추측할 수 있는 정보들이 많고, 테이스팅 노트를 보면 사람들이 의식적으로 그 맛과 향으로 느낀다고 착각할 수 있다.

사람의 입맛은 '어떤 환경에서 자라 왔느냐'에 따라 달라진다. 사람마다 맛에 대한 기억이 다르기 때문이다. 그래서 같은 맛을 여러 사람이서 맛보았을 때 다 다른 표현이 있는 이유이기도 하다. 스카치 위스키에 적혀 있는 테이스팅 노트는 스코틀랜드에서 오랫동안 살았던 사람의 입맛으로 적힌 것이다. 그래서 우리가 그들이 테이스팅 노트에서 자주 쓰는 표현 중 헤더(스코틀랜드 전역에 자생하는 꽃), 진저브레드(생강쿠키), 서양 배(우리나라의 배와 달리 단맛이 없고 푸석푸석함)의 맛을 잘 이해하기 어렵다.

그렇기에 남들의 맛 평가는 그저 참고 정도로만 인지하고, 테이스팅에 임하는 것을 추천한다.

┌─ **위스키에 대한 오해 8** ─┐

위스키는 도수만 세고 맛이 다양하지가 않다?

절대적이진 않지만 위스키 테이스팅에 도움을 주는 플레이버 휠Flavour Wheel이라는 것이 있다. 우리가 미각을 단맛, 짠맛, 신맛, 쓴맛을 구분하듯 위스키에서 느껴지는 맛을 여러가지를 구분할 수 있게 된 것이다. 세부적으로 보면 정말 다양한 맛과 향으로 구분될 수 있게 되어있고, 같은 위스키라도 사람마다 느끼는 부분이 다르고, 어떤 위스키냐에 따라 느껴지는 맛과 향이 모두 다른 것을 선입견을 깨는 순간 조금씩 찾아가게 될 것이다. 지금 이렇게 기억하는 위스키가 시간이 지나고 다른 상황에서 즐기게 된다면, 또 어떤 맛과 향으로 다가올 지 기대되지 않는가?

---

2. 위스키 자체로 한 모금

위스키 테이스팅을 할 때는 향을 먼저 맡아보는 것이 좋다. 코가 예민할 수 있기 때문에 위스키의 향을 맡기 전에, 가장 익숙한 입고 있던 옷이나 맨살의 냄새를 한 번 맡고 시작하면 좋을 것이다. 그리고 입에 위스키를 한 모금 정도 머금고 10초 정도 굴려보라. 처음에는 도수로 얼얼하면서 가려졌던 위스키의 특징이 도수에 익숙해지면서 드러날 것이다. 그리고 삼킨 이후에 숨을 내쉬면서 느껴지는 맛과 향을 체크해야 한다.

3. 첫 번째 기록

첫 잔의 위스키를 마시고, 향과 맛에서 느껴지는 단어들을 계속 받아 적어라. 어떤 향과 맛이 맞다 틀리다가 아니므로 자신이 느끼는 단어들을 계속 적어야 한다.

4. 물을 몇 방울 떨어뜨린 이후 위스키 한 모금

물 몇 방울은 과학적으로 물의 향미성분들을 표면으로 끌어올려주게 된다. 전문가들은 테이스팅을 위스키와 동량의 물을 넣거나 20~30도로 위스키의 도수를 낮추기도 하나, 우리가 이렇게 희석하게 되면, 위스키의 향과 맛을 찾아내기 너무 어려울 수도 있으니 조금씩만 넣어주고 아까처럼 향, 맛, 피니시를 느껴보자.

5. 두 번째 기록 그리고 종합, 비교

마찬가지로 두 번째 잔을 마시고 느껴지는 단어들을 새롭게 적어본다. 그리고 아까 적었던 부분과 비교를 하면서, 어떤 부분이 일치하는 지, 그리고 기회가 된다면 위스키에 적혀 있는 테이스팅 노트와 한번 비교해볼 것을 추천한다. 틀린 것을 찾기보다 어떤 유사성이 있는 지를 중점적으로 찾아보는 것이 중요하다.

6. 그날의 마무리 기록

앞서 말한 것처럼 위스키를 즐길 때는 상황과 날씨, 장소, 분위기, 기분 역시 영향을 줄 수 있다. 이런 다양한 요소들 역시 기록한다.

7. 시간이 지난 후, 다시 한 번 위스키 한 모금 그리고 반복

어떤 상황에서 위스키를 즐겼는 지에 따라 위스키에 대한 기억이 다를 수 있다.

이전에 위스키를 즐겼던 상황과 다른 상황에서도 한번 즐겨 보고, 테이스팅 노트를 같은 방법으로 적어보자. 지난 번 데이스팅 노트와 어떤 점이 같았고 어떤 것이 달라졌는지를 찾는 작업을 반복한다. 이런 과정을 여러 번 반복하다 보면 개개인의 일관성을 만들어 나갈 수 있을 것이다.

남은 위스키 보관방법

오픈한 위스키를 다 즐길 수도 있지만, 남는 경우도 많다. 특히 도수가 높은 술인 만큼 조금씩 마시는 사람도 많을 것이다. 이렇게 마시고 남은 위스키는 어떻게 보관해야 할까?

1. 과도한 공기와의 접촉을 차단

위스키의 경우에는 공기와 접촉이 시작되면서 맛이 조금씩 열리고 변화가 시작된다. 위스키가 공기와 접촉하며, 오히려 위스키에 숨겨진 맛과 향을 찾을 수도 있지만 한 편으로는 너무 오래 공기와 접촉시켜 보관하게 되면 맛과 향이 너무 옅어지게 된다. 그렇기에 맛을 최대한 유지하고자 할 때에는 추가적인 공기와의 접촉이 없게 잘 밀봉을 하고, 위스키가 병의 1/3 혹은 절반 정도만 남았을 때 오래 보관하기 위해서는 작은 사이즈의 병에 옮겨 담아 최대한 공기와의 접촉을 적게 만들어주는 것이 좋다.

2. 세워서 보관

위스키는 눕혀서 보관하는 와인과 다르게 반드시 세워서 보관하여야 한다. 이는 위스키의 도수와 코르크로 되어 있는 대부분의 마개와 연관이 되어 있는데, 와인의 경우에는 코르크가 마르는 것을 방지하기 위해 코르크를 적셔 주기 위해 눕혀서 보관을 하게 된다. 하지만, 위스키의 경우 높은 도수로 코르크가 적셔 지기 이전에 삭아버린다. 그러면서 위스키에 오히려 좋지 않은 풍미가 담길 수 있기에 세워서 보관하는 것이 좋다.

3. 뜨거운 곳과 햇빛을 피해 보관

위스키의 향미 성분들은 햇빛을 계속 보게 되면 향미 성분들이 과학적으로 조금씩 변화하게 되면서 원래 가진 맛과 향을 잃게 된다. 그리고 온도 역시 알코올과 향미 성분에 영향을 주기 때문에 상온 혹은 서늘한 곳에 보관하는 것이 좋다.

위스키에 대한 오해 9

위스키는 오픈하자마자 마시는 것이 최고다?

필자가 처음 위스키를 마셨을 때 필자를 가르쳐 주신 바텐더 스승님께서는 한 가지 말을 하셨다. '너가 술 맛을 알아? 매번 바뀌고, 첫 잔부터 끝 잔까지 다 마셔봐야 그 술에 대해서 알 수 있는 거야.' 처음에는 그 뜻을 위스키를 마실 때 한 병을 그 자리에서 다 비워야 한다는 뜻으로 받아 들였다. 하지만 점차 위스키에 대해 알아가고 깊어질수록 그 말의 진의를 알게 되었다.

처음 위스키를 오픈했을 때부터 맛이 있는 술도 있지만, 그렇지 않은 경우도 있다. 우리가 와인을 마실 때도 디켄팅을 하거나 와인을 미리 오픈하여 갇혀 있는 맛과 향을 열어주기도 하는 것처럼 위스키도 오랜 시간 고도수의 알코올이 갇혀 있다가 열리는 순간도 있기에 날카로운 알코올들이 먼저 향을 찌르는 경우도 있다. 위스키를 오픈하고 시간이 지남에 따른 맛과 향을 즐기는 것도 하나의 즐거움이 될 수 있다. 그리고 마시고 남은 술들은 시간이 지남에 따라 병 속에서 공기와 접하고 산화하면서 시간에 따라 위스키는 맛과 향이 변화하는 체험을 할 수 있을 것이다.

위스키를 처음 열었을 때, 한번에 다 마시며 그 맛과 향을 오롯이 느낄 수도 있지만, 조금씩 남겨서 시간에 따른 맛과 향의 변화를 느껴보고 그 술의 모든 면모를 만나보는 것도 위스키생활의 세계를 넓혀주는 하나의 체험이 아닐까?

병에 담긴 12년 위스키를 10년 보관하면 22년 숙성 위스키?

위스키는 앞에서 얘기했듯 오크통에서 숙성이 되면서 여러가지 맛과 향들을 가지게 된다. 그리고 병 속에 옮겨서는 오크통과 같이 상호작용을 하지 않기 때문에 더 이상 의 숙성이 이뤄지지 않는다. 부모님, 조부모님 댁에 놀러갔을 때 운이 좋아 집에 숨겨 진 오래된 위스키들도 발견하는 경우도 있을 것이다. 이런 위스키들이 오픈이 되어 있 지 않다고 그 기간 동안 숙성이 더 된 위스키는 아니다. 하지만 보관이 잘 되어 있다면 그 당시의 맛과 향을 담고 있을 것이고, 지금의 위스키와는 생산과정이나 여러가지 부 분이 바뀌었기 때문에 다른 맛들을 담고 있을 수 있다. 필자 역시 같은 제품의 현행 제 품, 2000년대, 1990년대, 1980년대, 1970년대 등 과거의 위스키를 맛볼 때도 같은 맛 과 향도 물론 있지만 다른 부분들도 분명히 존재한다. '12년 위스키를 10년 보관해서 22년 될 줄 알았는데, 에라이'할 것이 아니라 그런 위스키가 있다면 지금의 위스키와 과거의 위스키를 비교해서 즐겨 보는 것도 새로운 경험이 될 것이다.

첫째 날
네 번째 잔

위스키 마스터들이
알려주는
슬기로운 위스키생활

위스키는 정말 많은 이야기를 담고 있다.

라벨에 보이는 이야기부터, 위스키 생산과정인 보이지 않는 이야기, 위스키의 다양한 맛과 향을 즐길 수 있는 이야기까지.

이제는 그런 위스키를 만드는 사람들의 이야기를 들어보려 한다.

감사하게도 기회가 닿아 다섯 분의 마스터들을 인터뷰할 기회가 생겼고 이제 그들이 어떻게 위스키를 즐기고, 어떤 고민을 하며, 우리가 어떻게 위스키를 즐겼으면 하는지를 인터뷰를 통해 만나보도록 하겠다.

총 다섯 명의 마스터에게 다섯 가지 질문을 던졌고, 마스터들 마다 각기 다른 색깔의 답변을 들려주었다.

샌디 히슬롭 SANDY HYSLOP

30여년의 위스키 블렌딩 커리어.
발렌타인, 로얄살루트, 시바스리갈, 글렌리벳의
모든 위스키들을 완성하는 시바스 브라더스 그룹의 마스터 블렌더

『한 가지 위스키를 다양한 방법으로 경험하며,
위스키의 다른 모습들을 만나보세요』

Q1. 위스키는 어떻게 즐기는 게 맞을까요?

모든 사람들이 자신의 취향에 따라 위스키를 즐겨보고, 어떤 특정한 방법으로 마시는 걸 강요받지 않아야 한다고 생각합니다. 니트로 즐겨 보시고, 물을 몇 방울 추가해 마셔보고, 그 다음에는 조금 더 추가해서 마셔보세요. 그리고 새로운 잔에 얼음을 넣고 마셔 보시구요. 얼음이 너무 작으면 빨리 녹아 위스키를 지나치게 희석할 수 있으니 조심해야 합니다. 소다를 넣어 정말 맛있는 하이볼로도 즐겨보세요. 위스키의 매력은 어떤 다양한 방법을 통해 즐겨도 놀라운 맛과 풍미를 선사한다는 점입니다.

Q2. 어떤 고민과 철학을 가지고 계신가요?

마스터 블렌더라는 직책은 모든 위스키의 품질과 일관성을 책임지는 자리입니다. 새로운 변화를 주기 위한 실험도 지속적으로 하지만, 가장 중요한 것은 수십 년 동안 이어져 온 훌륭한 위스키의 맛을 일관성 있게 만드는 것입니다. 과거, 현재, 그리고 미래의 위스키를 일관성 있게 유지해야 하는 것이 저의 큰 책임입니다. 과거에 만들어져 오크통에서 숙성이 된 위스키를 이용하여 현재의 위스키를 만들고, 현재의 새로운 증류 원액이 어떤 통에 담겨야 미래에 그 일관성을 유지할 지 항상 고민하며 체크합니다. 큰 책임이 따르지만 저는 이를 즐기면서 하고 있습니다.

많은 분들이 물어보시는 질문인데, 블렌딩 룸에서 위스키를 전문적으로 테이스팅할 때에는 절대 제품의 도수 자체로 테이스팅하지 않습니다. 모든 위스키를 똑같이 항상 20도 정도로 낮춰 테이스팅하고 있습니다. 예를 들어 40도의 위스키 제품이 있다면 노징 글라스에 위스키 15ml와 상온의 물 15ml를 넣어 진행합니다.

Q3. 기억에 남는 에피소드나 제품이 있을까요?

위스키 업계에 몸을 담은 39년 동안 수천, 수만 개의 위스키 샘플들을 맛보고 이를 이용하여 다양한 제품들을 만들 수 있게 되어 정말 행운이라 생각합니다. 그렇기에 제가 만드는 로얄살루트, 발렌타인, 글렌리벳, 시바스리갈 브랜드 별로 기억에 남는 제품들은 소개해보고자 합니다.

로얄살루트 폴로 에디션 에스텐시아 21년

아르헨티나의 말벡 와인 오크통에서 피니사가 된 위스키로 정말 맛있게 테이스팅을 했다고 자신합니다

글렌리벳 캐리비안 리저브

캐리비안 럼을 숙성했던 오크통에 위스키를 숙성을 하는 실험적인 프로젝트였는데 열대과일의 풍미가 담긴 놀라운 위스키가 만들어졌고, 제가 위스키 하이볼을 만들 때 가장 애용하는 위스키입니다.

로얄살루트　　글렌리벳

발렌타인 7년

발렌타인 위스키들의 공통된 스타일을 가졌지만, 약간의 변주를 줌으로써 부드러운 토피, 바닐라, 과실의 풍미가 더해졌기에 올드 패션드 칵테일로 만든다면 멋진 위스키 칵테일로 즐길 수 있습니다.

시바스리갈 미즈나라 에디션

일본으로 날아가 미즈나라 오크통을 만드는 장인들을 만나 그들의 이야기를 듣고, 스코틀랜드로 가져와 숙성을 하여 완성까지. 이 위스키에서 느껴지는 견과류와 스파이스의 독특한 풍미는 과실의 풍미가 가득한 시바스 리갈의 풍미와 완벽하게 어우러집니다.

발렌타인　　시바스리갈

Q4. 업무 외적으로는 어떻게 위스키를 즐기시고 계신가요?

저는 누구와 함께 있느냐에 따라 다른 방법으로 즐기고 있습니다. 위스키를 정말 좋아하는 친구들과 함께 있을 때에는 마스터 블렌더로서 위스키를 대하는 것처럼은 아니지만 위스키에 위스키와 같은 양의 상온의 물을 추가하여 즐기곤 합니다. 갇혀 있던 위스키의 향과 맛이 열리면서 위스키를 더욱 즐길 수 있게 합니다. 가족들과 저녁 식사를 하러 가면 위스키 하이볼이나 진저 비어가 가득 넣은 위스키 칵테일을 마시곤 합니다.

Q5. 위스키 입문자분들에게 추천하는 제품과 어떻게 즐기기를 추천하나요?

입문으로는 시바스리갈 12년, 글렌리벳 파운더스를 망설임 없이 추천 드립니다. 앞서 말한 것처럼 위스키를 즐기는 방법에는 정답이 없습니다. 처음부터 너무 어렵고 한 가지 방법으로만 즐기려고 하지는 말아주세요. 한 가지 술이라도 다양한 방법으로 위스키를 마셔보는 시간을 가져보세요. 여러 다양한 방법으로 시도하면서 어떻게 변화하는 지를 경험하면 놀랄 것이라 확신합니다. 제가 하는 방법도 꼭 시도해보세요.

글렌리벳
파운더스

데니스 말콤 DENNIS MALCOLM

스카치 위스키의 살아있는 역사
대를 이어 위스키를 완성해가는 스코틀랜드에서
60년 이상의 가장 오랜 경력을 가진
더 글렌그란트 마스터 디스틸러

『조급해 하지말고 엔트리부터 차근차근,
그리고 천천히 숙성이 가져오는
아름다운 변화들을 경험해보세요』

Q1. 위스키는 어떻게 즐기는 게 맞을까요?

위스키를 즐기는 방법에 있어 어떤 것이 맞다, 틀리다가 있다고 절대 얘기하지 않습니다. 느낄 수 있는 맛과 향은 경험에서 오는 것이기에 지극히 개인적이며 입맛도 모두 다르기 때문입니다. 위스키를 처음 접하는 사람이라면 먼저 병에 담긴 동일한 도수로 맛과 향을 시도해보세요. 그리고 원한다면 조금씩 물을 넣어보고 도수를 낮춰 더 부드러운 맛과 향을 느낄 수 있습니다. 어떤 분들은 다른 음료들을 섞어 보기를 원하는데 이건 전적으로 개인의 선택입니다. 원한다면 가능하며 이렇게 다양하게 즐겨보는 것이 싱글몰트의 맛을 찾아가는 여정입니다.

Q2. 어떤 고민과 철학을 가지고 계신가요?

미래 세대를 위해 일관된 풍미를 지닌 위스키를 만드는 것이 중요하다고 생각합니다.

이를 위해서 더 글렌그란트는 최상의 원료를 사용하고, 수십 년간 이어온 모든 생산 공정을 그대로 유지하고 있습니다. 그리고 최상품의 싱글몰트 위스키를 만들기 위해 최고의 캐스크만을 선별해서 숙성에 사용하고 있습니다. 이 글을 답하는 2022년 기준 62년 동안 글렌그란트에서 일 하면서 같은 모습을 보아 왔기에, 저 역시 이를 매우 중시하고 지켜나가고 있습니다. 이것이 곧 우리의 자산이며 앞으로도 그렇게 될 것입니다.

Q3. 기억에 남는 에피소드나 제품이 있을까요?

좋아하는 한 가지를 고르기 어렵습니다만 지금 더 글렌그란트에서 준비하고 있는 작업들을 매우 즐기고 있습니다. 미래 세대를 위해 여러가지를 숙성 중에 있고, 보다 고급스럽고 숙성된 제품을 세계에 선보일 수 있다는 것이 즐겁습니다.

Q4. 업무 외적으로는 어떻게 위스키를 즐기시고 계신가요?

저는 가족 그리고 친구들과 위스키를 즐기는 것을 정말 좋아합니다. 그리고 하나의 위스키를 두고 다른 사람들이 향과 맛에 대해 어떻게 느끼고 있으며 어떤 식으로 표현하는 지를 보는 것이 매우 흥미롭습니다.

Q5. 위스키 입문자분들에게 추천하는 제품과 어떻게 즐기기를 추천하나요?

위스키 입문자라면 더 글랜그란트 12년부터 시작해보세요. 애플파이, 토피, 카라멜, 아몬드의 풍미가 층층이 쌓여 우아한 위스키를 만나 보실 수 있습니다. 그리고 기회가 된다면 15년, 18년, 21년 숙성도에 따른 변화를 만나 보시며 숙성이 가져오는 아름다운 변화를 차례로 즐겨 보시며 본인의 취향을 찾는 것을 추천 드립니다.

만약 한 가지 제품을 즐겨 보실 기회가 생긴다면 더 글렌그란트 15년을 추천합니다. 50도의 도수로 되어 글랜그란트의 스타일을 깊이 있게 표현된 제품으로 풍부한 계피를 입힌 배, 살구, 그리고 견과류의 풍미를 느낄 수 있습니다.

더 글렌그란트
15년

더 글렌그란트
아보랄리스

더 글렌그란트
60년

레이첼 베리 RACHEL BARRIE

세계 최초의 여성 위스키 마스터 블렌더이자
현 글렌드로낙, 벤리악, 글렌글라사의
새로운 장을 열어가는 마스터 블렌더

『푸드페어링처럼 위스키만 즐기는 것이 아닌
다른 무언가와 함께하는 위스키 테이스팅이
위스키의 또 다른 매력들을 완성해줄 것입니다』

Q1. 위스키는 어떻게 즐기는 게 맞을까요?

저는 위스키를 즐기는 올바른 방법은 맛을 느끼는 사람에 따라 다르다고 생각합니다. 그것은 순간에 따라 다르며, 마시는 사람, 동반자, 환경, 분위기 및 기분에 달려 있습니다. 위스키는 순하게 마실 수도 있고, 물과 섞어 마실 수도 있으며, 맛있는 칵테일로 만들 수도 있습니다. 당신의 유리잔 안에 위스키가 있다면, 어떻게 마시는지는 전적으로 당신의 선택입니다!

Q2. 어떤 고민과 철학을 가지고 계신가요?

위스키를 숙성하여 완성하는 것은 아이를 키우는 것과 같습니다. 부모(마스터 블렌더)의 역할로 아이(스피릿)가 가진 개성(기본적인 풍미)을 잘 찾고 이를 더 잘 살릴 수 있는 성장 환경(오크통)과 지원(지속적인 관심과 관리)을 하는 것이 멋진 어른(위스키)이 되게 만들기 때문이죠. 이를 위해 최고의 위스키를 만들기 위해 저는 스피릿의 특징을 파악하고 위스키가 되기까지 모든 정성, 관심과 관리에 신경을 쓰고 있습니다. 특히 최고급 오크통 속에서 숙성되게 하는 것이 제 가장 큰 중점 사항입니다.

벤리악의 스피릿은 과수원처럼 달콤하며 부드러워 다양한 오크통에서의 숙성에도 잘 어울리고, 이렇게 숙성된 위스키를 블렌딩하여 모든 복합적인 풍미(World of flavour)를 이끌어냅니다. 글렌드로낙은 풍부하고 묵직한 느낌을 주기에 최상의 스페인 쉐리 캐스크에 숙성하는 것이 어울리기에 이를 통해 풍부하고 아름다운 쉐리 위스키를 완성하고 있습니다.

Q3. 기억에 남는 에피소드나 제품이 있을까요?

제가 작업한 모든 위스키는 기억에 남으며, 이곳에서 모두 나열하기에는 너무나도 많습니다. 1995년 이래로 제가 작업한 위스키병을 모두 보관하고 있으며, 각각의 창조성, 고난과 즐거움으로 가득 찬 이야기를 가졌으며, 이를 가족과 친구들과 함께 즐기고 있습니다.

과거 글렌모렌지와 아드벡에서 근무할 당시에는 대표적으로 'The Last Christmas at Leith', 시그넷Signet, 아드벡 롤러코스터Ardbeg Rollercoaster 등이 있습니다. 2017년 브라운포맨에 합류한 이후에 가장 기억에 남는 건 영화 감독 매튜 본과 함께 작업한 글렌드로낙 킹스맨이 있습니다. 2020년에는 벤리악에서는 새로운 라인업 개발이 제 직업 생활에서 가장 창조적이고 표현적인 여정이었습니다. 다양하고 독특한 오크통에서의 숙성과 증류 방식을 사용하여 벤리악이 가질 수 있는 새로운 '풍미의 세계'를 만들어 내는 것이 가능했습니다.

이제 2023년, 저는 저의 어린 시절을 보낸 샌드엔드 해안에 위치한 싱글몰트 글렌글라사의 다음 장을 작업하는 것이 흥미롭습니다. 이를 통해 감미롭고 트로피칼하면서도 바닷소금의 풍미를 담아낸 글렌글라사의 특징을 담아낸 새로운 위스키를 완성시킬 계획입니다.

Q4. 업무 외적으로는 어떻게 위스키를 즐기시고 계신가요?

저는 식전주, 음식과 함께, 또는 칵테일과 같이 다양한 방법으로 위스키를 즐기고 있고, 제 일상 속에도 위스키를 녹여 내고 있습니다. 여행, 문화생활, 음식, 미술, 디자인 등등 다양한 것들을 즐길 때 그에 맞는 위스키를 생각해보고 함께 즐겨 나갑니다. 이를 통해 새로운 가능성을 상상하며 새로운 캐스크 아이디어, 푸드 페어링, 아트 페어링이 만들어지기도 합니다.

Q5. 위스키 입문자분들에게 추천하는 제품과 어떻게 즐기기를 추천하나요?

저는 항상 입문자들은 그들이 즐기는 음식과 함께 어울리는 위스키를 찾아 즐겨 보시는 것을 추천 드립니다.

한국에 방문했을 때 저는 싱글몰트 위스키와 한국 음식을 즐기며 한식이 가진 풍부한 맛에 매료되었습니다. 글렌드로낙, 벤리악, 글렌글라사를 꼭 한식과도 함께 즐겨 보시고, 제가 기억하는 한국 음식과의 페어링을 다음과 같이 추천 드려 봅니다.

벤리악 12년은 부드러운 과실, 볶은 견과류, 생강, 정향 같은 풍미는 비빔밥이나 사과, 한국 배, 꿀을 이용한 과일샐러드와 함께 즐기는 것을 추천하며, 글렌드로낙 12년은 깊은 풍미가 있기에 생강, 황설탕, 구운 참깨 등을 함께 넣어 만든 한국식 소갈비찜과 즐기면 음식과 위스키 모두 맛있게 즐길 수 있습니다. 한 번쯤 꼭 해보시고 나중에 후기를 꼭 들어보고 싶습니다.

글렌드로낙
12년

벤리악
10년

글렌글라사
리바이벌

베리 맥애퍼 BARRY MacAffer

라프로익의 모든 부분을 총책임하며,
미래를 만들어갈
라프로익 증류소의 디스틸러리 매니저

『위스키 그대로 즐겨도 좋지만,
위스키에 또다른 숨을 불어넣어줄 물 몇 방울로
더욱 풍성해지는 위스키를 경험해보세요』

Q1. 위스키는 어떻게 즐기는 게 맞을까요?

제 생각에 위스키를 즐기는 올바른 방법은 아이러니하게도 여러분이 좋아하는 방법이고, 모든 사람들은 자신의 입맛에 가장 잘 맞는 방식으로 위스키를 맛볼 수 있어야 한다고 생각합니다. 어떤 사람들은 얼음이나 물을 첨가하는 것을 좋아하지만, 저는 이런 방식을 선호하지 않습니다. 저는 항상 사람들이 그들에게 맞는 방식으로 즐기도록 권장합니다. 입문자분들은 처음부터 도수가 높은 위스키보다는 일반적인 제품군의 낮은 도수부터 시작하는 것을 추천 드립니다.

Q2. 어떤 고민과 철학을 가지고 계신가요?

품질과 전통.

이것들은 라프로익 증류소 매니저에게 가장 중요하게 고려해야 할 것들이며, 우리가 고수하는 전통은 수세기 동안 전해져 왔고 이것들을 배우고 다음 세대에게 물려주는 것이 중요합니다. 제가 결정을 내릴 때마다 저는 스스로에게 이렇게 묻습니다.

이것이 진정 라프로익 위스키를 위해 맞는 방향인가요?

Q3. 기억에 남는 에피소드나 제품이 있을까요?

넷플릭스 셰프의 식탁에 출연했던 프랜시스 말만Francis Mallmann과 함께 진행한 맛의 개척자(Taste Trailblazer) 프로젝트였습니다. 새로운 파트너십을 위한 촬영은 매우 기억에 남습니다. 저는 라프로익의 이야기를 들려주고, 그가 라프로익의 이야기를 재해석한 요리들을 통해 함께 위스키를 맛보는 것을 즐겼습니다.

Q4. 업무 외적으로는 어떻게 위스키를 즐기시고 계신가요?

저는 온라인 시음회에 참여하는 것을 좋아하고, 제 친구들과 가족들에게 흥미롭고 새로운 경험들을 공유하는 것을 좋아합니다. 저는 또한 세계 위스키를 탐험하는 것을 좋아하는데, 세계 어디를 여행하든 방문하는 동안 그 나라의 위스키를 항상 먹어볼 것입니다. 다른 나라들이 어떻게 위스키를 만드는지 보는 것은 항상 흥미롭고 시야를 넓혀줍니다.

Q5. 위스키 입문자분들에게 추천하는 제품과 어떻게 즐기기를 추천하나요?

달콤하고, 스파이시하지만 스모키한 라프로익의 캐릭터가 잘 담긴 라프로익 쿼터 캐스크를 추천합니다.

그리고 물은 라프로익의 가장 친한 친구라고 봐도 무방합니다. 만약 크고 강력한 스모키 위스키를 즐긴다면 물 몇 방울을 함께 떨어뜨려보세요. 물이 스모키한 풍미를 더욱 부드럽게 하고 그 독특한 깊이를 한 층 한 층 들여다볼 수 있게 안내하는 역할을 해줄 것입니다.

라프로익
쿼터 캐스트

에디 러셀 EDDIE RUSSELL

러셀 위스키의 그 러셀 가족.
아버지인 지미 러셀의 뒤를 이어
버번 위스키 산업에 뛰어든
와일드 터키 증류소의 마스터 디스틸러

『나를 가장 잘 아는 바텐더에게 칵테일로도 맡겨보세요
평소 좋아하던 위스키의 또 다른 경험을 만들어줍니다』

Q1. 위스키는 어떻게 즐기는 게 맞을까요?

제가 생각했을 때 위스키를 즐기는 데 있어 한 가지의 맞는 법이 있다고 생각하지는 않습니다. 하지만 제가 생각했을 때 버번 위스키의 세계로 들어올 때 가장 좋은 방법은 클래식 칵테일로서 즐기는 것입니다. 올드 패션드가 버번 위스키 세계로의 좋은 시작일 것입니다. 그리고 그 이후에 버번을 니트나 온더락으로 즐겨보는 것이 어떨까 싶습니다.

Q2. 어떤 고민과 철학을 가지고 계신가요?

가장 중요한 것은 최고의 재료를 사용하고 적절한 도수로 위스키를 완성하는 것이고 이를 만들기 위해서 어떤 과정에서 어떻게 만드는 것이 최고를 만드는지 그 방법을 찾아내는 것이 중요합니다. 저희 아버지도 이 부분을 강조하셨었고, 특히 숙성 과정이 버번 위스키의 충분한 풍미를 만드는 데 가장 중요하기에 여기에 많은 신경을 쓰고 있습니다.

Q3. 기억에 남는 에피소드나 제품이 있을까요?

제가 가장 좋아하는 제품을 고르는 건 언제나 어렵습니다. 모두 저의 손길이 닿은 것이고 제 자신의 일부라고 때문입니다. 기억에 남는 일은 이 일을 하는 모든 사람이 그러하듯 여러가지의 오크통에서 숙성된 위스키를 샘플링하여 맛볼 때 누구나 인정할 만한 최고의 위스키를 찾아낼 때입니다. 이 때는 기분이 정말 최고로 좋고 기쁜 순간입니다.

Q4. 업무 외적으로는 어떻게 위스키를 즐기시고 계신가요?

불바디에Boulevardier나 올드 패션드Old Fashioned와 같은 버번 위스키의 특징을 잘 살린 칵테일을 즐길 때도 있지만, 제가 일상에서 가장 즐기는 건 제가 만든 버번 위스키를 니트로 음미하며 풍미를 느낄 때입니다.

Q5. 위스키 입문자분들에게 추천하는 제품과 어떻게 즐기기를 추천하나요?

가장 좋아하는 칵테일 바로 가서 바텐더에게 와일드터키를 이용한 칵테일을 부탁해보세요. 바텐더가 여러분의 취향을 알고 있기에 최고의 와일드터키 위스키 칵테일을 먼저 즐길 수 있을 겁니다.

그리고 기본적인 버번 위스키 그 자체로서의 느낌을 찾아가기 위해서는 와일드터키 버번 81 프루프를 먼저 즐겨보세요. 그리고 다양한 버번 위스키들을 접하며 개개인의 취향과 맛과 향을 찾아가기를 바랍니다. 와일드터키를 평소에 즐길 수 있게 되었다면, 조금 더 묵직하고 와일드터키의 특징을 잘 느낄 수 있는 와일드터키 101 8년 한 잔을 마셔보시길 바랍니다.

러셀
리저브 10년

와일드터키
버번 81

와일드터키
101 8년

위스키의 역사

둘째 날

첫 번째 잔

생명의 물

위스키의 유래

위스키는 와인이나 맥주 등 다른 술들에 비해 비교적 역사가 짧다. 그만큼 위스키 제조를 위한 증류 기술이 어려웠기 때문이다. 중세 이후 지금까지도 위스키 제조 기술은 계속해서 발전하는 중이다. 위스키의 기원에 대해서는 수많은 전설과 이야기가 전해져오는데, 아일랜드와 스코틀랜드는 서로가 위스키의 종주국이라고 주장한다. 두 나라가 위스키의 시초가 된 배경에는 아일랜드와 스코틀랜드의 수도원에는 유럽 대륙과 달리 포도밭을 일구기가 어려운 환경이었기 때문에 곡물을 발효시켜 증류주를 생산하는 형태가 많이 이루어졌을 것이라 추측된다.

처음부터 위스키라는 명칭이 쓰였던 것이 아니다. '생명의 물'이란 뜻으로 스코틀랜드와 아일랜드에서 그들의 언어인 고이델제어*(Goidelic languages)로 스코틀랜드에서는 우스게 바하Uisge Beatha, 아쿠아 비테Aqua Vite로 불리었고 아일랜드에서는 이슈카 바하Uisce Beatha로 불리었다. 그 때문에 위스키에서는 많은 부분 고이델제어(게일어)을 사용하기도 한다.

2,000년 전 고대 그리스나 서아시아의 현인들이 증류 과정을 발견했다는 이야기도 있고 우리가 흔히 말하는 알코올이라는 말이 아라비아어에서 유래되었다는 사실에 이슬람교를 믿는 무어인의 유럽에 전파한 설도 있으며, 칭기즈칸에 의해 증류 기술이 전파되었다는 이야기와 당시 연금술사나 성직자가 증류 실험을 통해 개발했다고도 전해진다.

*고이델제어는 고대 켈트어파에 속하는 언어군으로 아일랜드어, 스코틀랜드 게일어, 맹크스어의 총칭이다. 현재는 상당 부분 영어에 흡수되었지만, 명맥을 이어가고 있다.

위스키의 유래 1.

고대 아라비아 연금술사들이
증류 기술을 활용한 기록이 존재한다.

11세기 말부터 13세기 말까지
서유럽의 그리스도교들이
성지 팔레스티나와 예루살렘을 탈환한다는 명분으로
십자군 대 원정을 감행하며
이슬람 및 동유럽의 여러 민족과 전쟁을 벌였다.
이 과정에서 아랍 세계와 서양 세계가 만나
문화 교류를 이루기도 하였는데,
위스키의 유래 역시 이 과정에서 생겨났다는 것이다.

그로 인해, 십자군과 함께 원정에 나선
일부 가톨릭 사제 수도승들이
이슬람의 증류 기술을 배워왔다는
주장이 있다.

위스키의 유래 2.

아일랜드 기록에 의하면 5세기 '파트리치오 수도사(Saint Patrick)'가 여러 분야의 지식이 깊었는데, 증류 기술을 활용하여 탄생시킨 증류주가 생명수라는 의미의 '이슈카 바하'라는 기록이 있다.

중세 증류 기술은 첨단 과학!

유럽을 공포로 몰아넣은 흑사병 Black Death

1347년부터 1351년 사이, 유럽 전역을 강타했던 가장 큰 규모 전염병인 흑사병(페스트)이 유행하였는데 약 3년간 당시 유럽 인구의 1/3 정도의 수치인 약 2천만 명의 희생자가 생겼다. 희망이 필요했던 사람들은 여러 가지 미신을 통해 전염병을 막고자 했는데, 그중 증류주 '스피릿'이 흑사병 예방에 효과가 있다고 믿었다.

스피릿
백신

이렇게 생각하게 된 배경으로 당시 중세 시대 유럽의 지식인들이었던 수도원의 사제들과 연금술 사들은 위스키가 치유 효과와 신비로운 힘이 있다고 믿었다. 증류된 술이 살이 썩는 것을 치료하고 생명을 연장하는 효과가 있다고 생각했다. 13세기 스페인 의사였던 '아르날두스 데 비야 노바'는 생명의 물(위스키)을 마시면 원기를 북돋아 주고 기분을 좋게 한다고 기록하였다. 그 때문에 중세 시대 사람들은 증류주인 위스키가 신비로운 힘이 있다고 생각하여 생명수라고 불렀다. 잉글랜드의 영향 력이 커지며 스코틀랜드에서의 잉글랜드 개신교가 확장하게 된다. 잉글랜드 헨리 8세는 정치, 사회 와 종교 개혁을 추진하였다. 그로 인해 수도원을 해산하고 증류 기술자였던 많은 수도사가 스코틀 랜드 전역으로 흩어지게 되며 소수만 가지고 있던 증류 기술이 일반 농민들에게 퍼지게 된다.

스코틀랜드 국립기록보관소의 기록에 따르면 1490년대부터 아쿠아 비테를 만들었다는 문서가 있다.

스코틀랜드의 어느 가톨릭 수도원

음식 맛을
한껏 살려줌

노화를 늦추고
젊음을 강화

혈액순환과
순환기 흐름
개선에 효과

몸 속
불순물 배출에
탁월한 효과

기분을 좋게해줌으로
우울증을 없애고
마음을 편안하게 함

**연금술과 의학에 관심이 많았던
스코틀랜드 왕 제임스 4세**

위스키는 과학이다.
위스키는 치유력이 있다.
때문에 위스키 제조는
의사들이 해야하지 않나!?

위스키는
신이 주신 선물이다!

에든버러 이발외과 의사

당시 왕을 비롯한 지배층, 지식인들은 위스키를 즐기기 위한 술 이상의 치료제로 생각했으며 16세기 스코틀랜드 에든버러의 이발과 외과 의사를 겸업으로 하였던 이발외과 의사들에게 아쿠아비테의 제조 독점 권한을 주었다. 독점권을 준다는 것은 정부에게 위스키 제조에 대한 허가를 받아야 한다는 뜻이기 했다. 그 외 사람들이 위스키를 제조하는 것은 불법적인 행동이었다.

초기 위스키에 대한 기록이 많지 않은데, 그 이유는 와인이나 맥주 등의 대중 주류가 아닌 소수의 수도사와 연금술사에 의해 제조되었고, 이발외과 의사들이 의료 목적으로 제조되었기 때문으로 본다.

에든버러의 이발외과 의사

아쿠아비테
처방해 주세요.

지도로 보는 스코틀랜드, 아일랜드

축구나 역사를 좋아하는 사람이라면 영국 지도에 대해서 대부분 잘 알고 있을 것이다. 위스키 세계에서 스코틀랜드와 아일랜드의 대형 증류소들은 잉글리시 프리미어리그 구단만큼이나 멋지고 열혈 팬들이 존재한다.

여기서는 위스키의 관점에서 영국 지도를 보자. 위스키의 종주국으로 알려진 스코틀랜드와 아일랜드의 지도를 보면 위스키의 역사를 알아보는 데 도움이 될 것이다. 아일랜드는 영국으로부터 수출 제재를 받거나 국가적 위협을 받기도 하였지만 스코틀랜드는 잉글랜드와 합병 이후 대영제국으로 성장하며 아일랜드에 비해 위스키 산업을 안정적으로 발전시킬 수 있었고 그로 인해 잉글랜드와 스코틀랜드는 많은 경제적 이득을 취했다.

지리적으로 가까운 잉글랜드와 스코틀랜드는 오랜 시간 대립하였지만, 점차 정치적, 경제적으로 협력하는 관계를 유지하였다.

1603년부터는 같은 왕을 섬기며 1707년에는 스코틀랜드 의회가 잉글랜드 의회인 웨스트민스터에 진출하며 양국은 통합되고 연합왕국을 형성하기에 이른다.

위스키에서 빠질 수 없는
중요한 섬인 아일라에는
스코틀랜드와 아일랜드
사이에 위치하며
라프로익, 아드벡, 라가불린,
브룩라디, 부나하벤,
쿠일라, 보모어 등의
증류소가 있음

러윅

오크니

스페이사이드

하이랜드(스코틀랜드 북부지역)
대부분 시골 지역이며 혈연
중심으로 가톨릭을 믿음
잉글랜드와의 관계는 대부분
적대적

하이랜드

스코틀랜드

스코틀랜드 문명의 2대 중심지

글래스고   에든버러

로우랜드(스코틀랜드 남부지역)
스코틀랜드의 로우랜드는 잉
글랜드와 지리적으로 가까워
잉글랜드와 비교적 가까운 관
계를 유지
종교도 같은 개신교를 믿음

아일라

캠벨타운

로우랜드

벨파스트

북아일랜드

맨섬

잉글랜드

북해

더블린

아일랜드

버밍엄

세인트조지해협

웨일즈

런던

켈트해

북대서양

영국해협

15세기 이후
미국, 캐나다 등
아메리카로 이주한 아일랜드,
스코틀랜드 아메리카 정착민들이
증류주를 제조

과도한 세금

증류주 제조에 사용되는 보리, 옥수수, 쌀 등의 주요 곡물은 흉년이 되면 끼니 해결에 문제가 되었기 때문에, 곡물이 많이 사용되는 주조酒造에 대한 관리와 통제가 이뤄졌다. 정부 또한 큰 흉년 때 이를 규제하기 위해 증류를 금지하거나 증류주에 세금을 걷는 주세를 부과하기도 하였다.

스코틀랜드가 잉글랜드에 합병되며 대영제국의 법에 따라 각종 세금과 규제가 신설되고 세금이 급등하였다. 잉글랜드 의회는 대영제국의 부족한 재정을 채우기 위해 스코틀랜드 전통 증류주인 위스키를 제조하는 데 필요한 맥아, 증류기, 증류주에 대한 세금을 따로 부과하였다. 과도한 세금으로 인해 농민들의 생활은 더욱 어려워졌고 스코틀랜드 증류업자들이 지하로 숨는 결과로 이어진다.

세금을 피하기 위한 방법들

과도한 세금으로 증류 업자들과 세금 징수원들의 대립이 심해져 감에 따라 세금 징수원을 폭행하고 살해하는 일들이 종종 일어났으며 다양한 방법으로 세금 징수원의 눈을 피했다.

잘 부탁드립니다.

뒷돈을 받은 세금 징수원은
상부에 증류주 제조량을 허위 보고하며
과세에 대한 일정 부분을 감액해 줌

여기는
못찾겠지..!?

찾기 어려운 곳에 위스키를 숨김

몰트세 반대 폭동

영국 정부의 과도한 세금으로 인해 스코틀랜드의 에든
버러, 글래스고 지역에서 '몰트세(The Malt Tax)'에 반발
하여 농민들이 세금 징수원을 공격하는 대규모 폭동이
발생한다.

야 이 도둑놈들아!

위스키 제조에 대한 높은 세금이 부과되며 세금 징수원의 단속을 피해 북쪽 지역으로 올라가서 위스키를 제조하기 시작했고 그 후 하이랜드 지역 위주로 위스키 제조가 활성화되었다.

이때부터 북쪽은 땔감을 구하기 어려워 피트를 사용하기 시작했다. 로우랜드 지역은 땔감을 구하기 쉬워 피트를 사용하지 않는, 지금의 제조 스타일을 구축하게 된다.

우리는 정부 단속을 피해
북쪽 지역의 춥고 열악한 환경에서
위스키를 제조하고 있지

둘째 날
두 번째 잔

위스키 한 잔의 여유

위스키의 황금기

위스키의 발전

영국 정부의 과도한 세금으로 밀주가 성행하였다. 점차 통제가 어려워지자 위스키 제조를 음지에서 양지로 이끌기 위한 특단의 조치로 합법적인 세금 개혁을 시행하였다.

이에 따라 합법적인 면허를 취득하며 대형 증류소들이 탄생하는 계기가 된다.

스코틀랜드

스페이사이드

하이랜드

Low Tax

로우랜드

High Tax

1608년
북아일랜드 부쉬밀Bushmills 증류소는
전세계에서 가장 오래된 면허 획득.
증류소라는 칭호를 가짐

1784년
스코틀랜드에서 워시법(발효법) 실시
하이랜드에는 증류기 용량 기준으로,
로우랜드에는 워시액 양 기준으로 과세

스피릿 세이프
(Spirit Safe)

증류된
위스키의 양을
측정 가능

1785년
아일랜드의 경우
맥아에 세금을 부과하기 시작하면서,
발아시키지 않은 보리를 섞어 사용하는
아일랜드 특유의 방식이 생기게 됨

영국, 소규모 증류소 법 시행
스피릿 세이프를 통해
증류된 위스키 양을 측정하여
세금 부과하도록 함
그래서 영국에서는 술을 빼돌리는 탈세를 막기 위해
항상 금고처럼 잠가둠

제대로 신고하고
합법적으로
위스키를
제조합시다.

1823년
영국, 합법적 위스키를 만들도록 하기 위해
'특별소비세법'으로 증류 업자들의 세금 부담을 줄임

1824년
영국 국왕 조지 4세가 반한
더 글렌리벳The Glenlivet이
스코틀랜드에서 처음 면허를 취득함

1850년대
당시에는 개성이 강한 싱글몰트보다
대중성이 좀 더 높은
밸런스에 초점을 맞춘
블렌디드 위스키를 선호함

1887년
알프레드 바너드Alfred Barnard가
영국 위스키 증류소에 대한
최초의 책 출간

나의 레시피로
만든 위스키!

블랜딩의 대부 앤드류 어셔Andrew Usher는
연속식 증류기를 사용하여
여러 증류소에서 숙성시킨 위스키 원액을 섞은
최초의 혼합 위스키 탄생시킴
1850~60년대 블렌디드 스카치 위스키를
대량 판매한 최초의 회사가 되었고,
블렌디드 스카치 위스키는
미국에서 인기 있는 수입품이 됨

1831년
아일랜드 세무 공무원이었던
이니어스 코페이Aeneas Coffey가
로버트 스타인이 발명한 연속식 증류기를 계량하여
저렴한 비용으로 빠르고 효율적인 위스키 생산이 가능해짐.
하지만, 정작 많은 아일랜드 증류소가
전통적인 방식을 고집하여 이를 도입하지 않았고,
나중에 아이리시 위스키의 경쟁력이
떨어지는 결과를 맞음

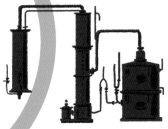

아일랜드인 증류업자
로버트 스타인Robert Stein이
연속식 증류기를 개발하였으나
불완전하여 널리 상용화되지 못함

우리는
명품
위스키

1824년
'맥켈란Macallan'
스코틀랜드 이스터 엘키스 하우스Easter Elchies House 증류소에서 생산

카페보다 펍!

지금 우리나라에 수많은 카페가 있듯, 스코틀랜드, 아일랜드의 도시에는 펍이 정말 많다. 위스키를 판매하는 펍에는 항상 사람들이 북적거렸으며 칼을 차고 다니던 옛날에는 술에 취해 서로 싸우고 죽이는 사건 사고가 자주 발생하였다.

넘쳐나는 위스키

증기선의 발전과 선박운항법 폐지로
위스키 수출이 더욱 활성화 됨

1820년
세계에서 가장 유명하고 널리 유통되고 있는
'조니워커Johnnie Walker' 브랜드가 탄생.
수출이 활성화되면서 선박 운송 중
위스키병이 파손되는 사고가 빈번히 일어나자,
선박에서는 깨지지 않고 많이 적재할 수 있는 형태의 위스키병이 고안됨
당시 대부분의 위스키는 둥근 병이었고,
조니워커는 각진 병을 택함으로써 적재성이 좋았음

1840년대에 위스키 잔인
올드 패션드Old Fashioned 글라스가
유행하였다.

1887년
싱글몰트 위스키로 유명한
글렌피딕Glenfiddich 위스키
생산 시작

1863년 필록세라 진드기가
와인에게는 죽음을, 위스키에게는 새로운 기회를...

1863년 아메리카로 넘어갔던 영국 생물학자들이 미국에서 포도나무를 들여왔다. 이 포도나무에서 발생한 진드기 '필록세라Phylloxera'의 출현으로 영국, 프랑스 등 유럽 전역의 포도밭이 황폐해지며 와인 생산이 중단되는 사건이 발생한다. 그러자 블랜디 가격이 상승하고 구하기도 어려워졌다.

와인 업계에는 비극적인 일이었으나, 위스키 업계에는 새로운 기회가 되었다. 스카치 위스키는 가격도 적당하고 공급량도 충분하여 와인의 대체재로 인식되어 위스키 시장이 활성화되는 계기가 되었다.

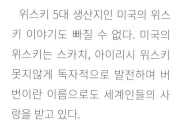

미국 위스키

위스키 5대 생산지인 미국의 위스키 이야기도 빠질 수 없다. 미국의 위스키는 스카치, 아이리시 위스키 못지않게 독자적으로 발전하며 버번이란 이름으로도 세계인들의 사랑을 받고 있다.

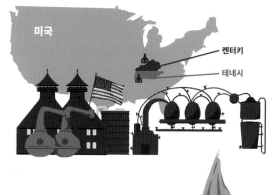

미국

켄터키

테네시

1492년
콜럼버스의
아메리카 대륙 발견!

고향 생각나는구먼

아메리카 유럽 정착민들은
새로운 터전에서
위스키를 증류하기 시작함

돈 대신
줄게

와우!

유럽의 정착민들은
아메리카 원주민에게
돈 대신 위스키로 종종 거래 함

너네
술이냐?

마셔볼래?

정착민들이
아메리카 원주민의
옥수수술을 발견함

미합중국!

1775 ~ 1783년
영국으로부터의 미국의 독립전쟁

1776년
미국은 독립선언을 하며 아메리카 합중국이 탄생
미국 정착민들은 영국 해군의 상징인 '럼Rum'을 혐오하며
미국의 위스키를 선호함

미국 초대 대통령이자 건국의 아버지인 조지 워싱턴은 위스키 애호가였다. 독립전쟁에 참여하는 군대에 위스키를 지급하며 격려했다고 한다. 미국 독립전쟁 동안 증류 업자들은 종종 위스키를 화폐와 같이 사용하기도 했다.

1783년
에반 윌리엄스Evan Williams는
켄터키주 루이빌에서
켄터키주 최초의 상업용 증류소 설립

1789년
버번의 아버지로 불리는
일라이저 크레이그Elijah Craig는
오크통 탄화 방식(Charring)을 최초로 도입하며
풍미와 부드러운 질감 갖춤.
지금의 브랜드는 일라이저 크레이그에 대한
존경심을 담아 만든 브랜드 명칭임

1791년
미국 독립 전쟁 동안
각 주들은 막대한 부채를 가지게 되었고
1790년, 재무부 장관 알렉산더 해밀턴은
재정적 어려움을 막기위해
위스키에 대한 소비세를 제안함.
위스키 제조가 유일한 수입원인
펜실베이니아 농민들에게 큰 타격을 줌

1791 ~ 1794년
펜실베니아주에서 조지아주까지
징세 관리원에 대한 위협·습격 등 폭동이 발생하며
대규모 위스키 폭동이 발생.
미국 정부는 중앙정부 위신을 세운다는 목적으로
대규모 군대를 동원하여 폭동을 무력 진압함

캐나다 위스키가
빠질 수 없지!

1801년
존 몰슨John Molson에 의해
캐나다에서 상업 위스키 생산을 시작

미국의 이웃나라인 캐나다는 스코틀랜드 출신 정착민이 많아서, 1700년대 이후부터 위스키를 제조하였다.

많은 양의 옥수수가 미국에서 생산되었는데 옥수수 자체의 판매 수입은 적고 불규칙하였지만, 옥수수를 술로 만들어 판매하면 농부들은 꾸준히 큰 이익 얻었다.

그 때문에 쉽게 구할 수 있는 옥수수로 위스키를 만드는 그레인 위스키의 제조가 많이 이루어졌다고 한다.

1823년
화학자이자 의사였던 스코틀랜드인 제임슨 C 크로우James C. Crow 박사는 버번 위스키의 새로운 변화, 사워매시Sour Mash 공법을 연구하였고 배포함

숯 여과 방식 개발하여 증류주의 불순물 제거

1840년
옥수수가 그레인 위스키 원료로 주목 받았고 버번이라는 명칭을 공식적으로 사용하며 라벨에 정식 표기되기 시작함

1850 ~ 1890년
미국 서부 개척 시대
위스키 한 잔과 총알 하나를
바꿀 수 있는 용량으로
샷Shot 글라스를 사용했다는
유래가 전해지나 명확하지 않음

우리 위스키 한 잔하고
다시 싸우자!

1861 ~ 1865년
미국 남북전쟁

1866년
잭 다니엘스Jack Daniels,
미국 최초 정부 공인 증류소 탄생

미국 연방정부와 증류 업자들의 유대관계로 당시 영국과는 달리 창고 숙성 중인 위스키에는 세금을 매기지 않았다. 그로 인해 장기 숙성된 품질 좋은 위스키를 제조하기 수월했으며, 위스키 산업의 성장으로 미국 연방정부는 세수입의 반 정도를 주세酒稅로 채울 수 있었다.

알코올 공화국

1830년 미국은 값싼 독주인 위스키를 쉽게 구할 수 있어서 온통 위스키 천지였다고 한다. 위스키 제조 시설의 발전과 위스키를 즐기는 사람들의 열렬한 사랑으로 대다수의 미국인은 위스키로 아침을 시작해서 위스키를 마시며 잠에 들었다. 마셔도 너무나도 많이 마시는 미국은 알코올 공화국이었다.

1900년 당시 미국의 어두운 모습을 보여주는 〈피키 블라인더스〉 드라마를 보면 등장인물들이 위스키를 물처럼 마시는 장면이 자주 나온다.

또한, 위스키가 만병통치약이라는 허위 광고들이 난무하였는데, 말도 안 되는 것 같아도 많은 애주가는 굳게 믿었다고 한다. 이는 미국뿐 아니라 많은 나라에서 위스키가 만병통치약이라는 믿음이 있었다. 1906년 식품 위생 및 약품에 관한 법률로 블렌디드 위스키, 합성 위스키, 모조 위스키 등 상표 부착 규정이 생겨나면서 이러한 허위광고는 줄어들었다.

깨어나기
싫다..

WHISKY

슬기로운 미국인의 위스키와 함께하는 하루 일과표

언제나 위스키(독주)와 함께

술에 취해 가정폭력을 일삼으며 월급은 술값으로 탕진했다.

잠 깨기 위한 모닝 위스키 한 잔!

사교모임에는 위스키 한 잔!

출근해서 위스키 한 잔!

식사때 위스키 한 잔!

위스키를 먹으면 기분이 좋아지고 힘이 나요!

건강에도 좋다는 광고를 봤어요.

둘째 날
세 번째 잔

위스키 암흑기

1890년대 위스키를 블렌딩하고 판매하며 빠르게 성장한 스코틀랜드의 패티슨Pattisons사는 세간의 관심을 모았다. 하지만, 패티슨사는 분식회계를 하며 주가를 부풀렸고, 주가 조작으로 1898년부터 주식이 폭락하며 청산절차를 시작한다.

이러한 과정에서 패티슨사의 실제 가치가 장부의 절반도 안 된다는 사실이 세상에 알려졌고 패티슨사와 관련된 수많은 스코틀랜드의 위스키 회사, 증류소, 채권자들은 큰 피해를 보게 되며 위스키 업계에 큰 파문을 불러온다.

제 1차 세계대전 1914 ~ 1918년

제 1차 세계대전이 시작되고 각 나라들은 국가의 영광을 외치며 많은 국민들을 전쟁터로 내몰았다. 많은 학생, 근로자들은 물론 술을 만드는 사람, 오크통을 만드는 사람, 술을 판매하는 사람 모두 전쟁에 참여하였고 증류소는 전쟁용 산업 알코올을 생산하는 역할로 바뀌면서 소비할 수 있는 주류는 급격히 줄어들었다.

비극적인 전쟁의 결과로 약 900만 명의 전사자와 2,200만 명의 부상자를 내었으며 민간인 희생자도 1,000만 명 이상을 내며 비참한 결과를 낳았다.

제1차 세계대전 중에 부족한 곡물을
술을 제조하는 데 쓰이는것을 제재함

1차 세계대전과 아일랜드 내전으로
증류소 직원, 오크통 생산자, 가게 점원 등
주류업계의 많은 사람이 전쟁터로 뛰어듦

영국 정부는 전쟁 기간 전쟁 물자 및 노동생산성 향상을 위해 1915년 스카치 위스키 숙성기간 2년 의무화를 실시하고 1916년에는 3년 숙성을 의무로 연장하며 증류소 운영에 부담을 느낀 많은 증류소들이 생산 가동 중지되었다.

하지만 이에 따라 위스키가 강제 숙성 과정을 거치며 스카치 위스키의 평균 품질을 높이를 결과가 되었다.

아일랜드 내전 1922 ~ 1923년

영국은 '영국-아일랜드 조약'으로 아일랜드를 북아일랜드와 남아일랜드로 나누었다. 이에 따라 남북 갈등이 심화되었고, 아일랜드 사람들은 마시는 술로 지지자를 판가름하기도 하였다.

아일랜드
지지자

북아일랜드
영국
지지자

세계적인 금주운동 열풍과 미국의 금주법 실시 배경

금주운동은 사실 알코올 반대 운동이 아니었다. 여러 가지 복합적인 이유가 있지만, 대표적으로 살룬(saloon, 술집)을 몰아내는 것이 본래 목표이었다. 남편들이 살룬에 가서 그날 번 돈을 탕진하고 술에 취해 아내를 폭행하는 일들이 잦았다. 그로 인해 여성들은 가정폭력과 가난에 시달렸다.

이러한 상황들에 여성들이 들고일어났다. 1870년대 미국 여성들은 '여성 기독 금주 조합'을 설립하고 많은 이들이 참여하며 1890년대 금주운동을 목표로 한 반살룬동맹(ASL; Anti-Saloon League)을 을 결성하게 된다. 이 시기 다른 나라들도 술에 의한 사회적 문제가 대두되며 세계적인 금주운동이 일어났다.

미국 금주운동의 상징적인 인물인 캐리 네이션 Carrie Nation은 도끼를 들고 술집에 쳐들어가 수 많은 술집을 부수며 다녔고 많은 술집 주인과 애주가들은 공포에 떨었다.

술집이 가정파탄의 주범이다!

금주운동의 전설 '캐리 네이션'은 '기독교여성절제협회WCTU' 창설하고 50,000명 후계자 양성함

캐리 네이션이다!!!

술집 다 부셔버린다.

이민자들!! 미국에서 나가라!!

미국에 많은 이민자가 들어오며 쉽게 취직할 수 있는 술집에서 일을 하게 되었다. 하지만 술집은 취객들로 인해 각종 사건 사고가 빈번이 발생하는 공간이었고 사람들은 단순히 이민자들과 술이 문제라는 인식을 하게 되었다. 인종차별이 심하던 시대에 이러한 생각이 더해져 백인들은 다른 인종의 이민자들을 폭행하고 술집에 대한 부정적인 생각을 가지게 되었다.

금주법 실시 배경 3.

산업 자본가

농장주

술을 먹는 건 죄악이다.

기독교 근본주의자

고된 노동에는 위스키 한 잔이지!

노동자들이
맨날 술이나 먹고 취해서
일을 하지 않는다.
술을 못 먹게 해야 해!

금주법 실시 배경 4.

전쟁으로 인해 독일에 극도의 반감을 품던이들은 독일인들이 주도하던 맥주 산업에 대항하여 맥주 반대운동이 일어났다.

누구 좋으라고
맥주를
마시는건가!?

NO BEER!

독일
맥주

미국의 금주법 1920 ~ 1933년

미국 연방정부의 금주법 시행으로 모든 술 생산, 판매 사용을 금지했다.

어휴...
아깝다.

이건
좀 좋은건데?

술은 다 버려!

불법, 범죄의 주요 대상이 되어버린 위스키

미국 금주법이 시행되고 술을 구할 수 없게 되자 밀주와 밀수 등 불법 사업이 활성화된다.

밀주 제조
위스키 불법 제조
감시관들의 눈을 피해 밀주를 제조하였다.

오늘도 밤새웠다

없으면
만들면 되지!

마피아
불법 제조, 유통

밀수업자로 큰 부를 얻은 대표적인 인물로 미국 시카고의 알 카포네Alphonse Gabriel Capone가 있다. 그는 캐나다에 연락망을 갖춰 술을 밀수하는 루트를 만들었다. 반대 세력을 제거하고 폭탄 테러를 하며 각종 뇌물과 협박으로 미국을 장악한 알 카포네 조직은 금주법을 기점으로 승승장구한다.

금주법
땡큐!

1920년 캐나디안 위스키는
미국 금주법으로 인해
마피아들이 대량으로 밀수하며
비약적 발전하게 된다.
캐나디안 위스키는
호밀(Rye)을 주로 사용하여
레이 위스키라고도 함

약으로 둔갑

의사 처방 의약품으로 속임

금주법에서 유일한 예외가 있었는데,
이는 의사의 약용 위스키 처방이었다.
금주법 기간 동안 약국 체인 월그린
스Walgreens는 금주법을 악용하여
20개의 상점에서 400개로 증가했다.

약국에서
사세요!

선생님,
저는 위스키 마시면
다 좋아질거 같아요.

위스키를 의약품으로 둔갑시켜
의사가 몸살감기 등의 처방 약으로
위스키를 처방

금주법
하지 말까?

미국 연방정부는 금주법으로
수억 달러 이상의 세수를 잃음

밀수의 길은
부자의 길

범죄자들과 밀수업자들은
부자가 됨

위스키를 마실수 있는
캐나다는 지상낙원!

미국 사람들은
술을 먹기 위해
캐나다로 넘어가기도 함

일자리
구해요...

1929년
경제 대공황
뉴욕 주가가 폭락하며
경제활동이 마비되어버림

금주법 종료

1933년 12월 5일 금주법이 종료되면서 미국 전역은 축제장이 되었다. 전국의 술집은 사람들로 가득 찼으며 술에 대한 세금 또한 미국 연방정부에 다시 쌓여가기 시작했다. 노동자들은 주류 업계로 재취업하며 대공황으로 고통받던 미국에 긍정적인 영향을 끼친다.

하지만 10년 이상의 금주법 기간 미국 위스키 업계 쇠퇴하며 예전 미국 특유의 풍미 가득한 위스키를 다시 맛보기 힘들어졌다.

금주법 종료의 긍정적인 면

돈도 벌고! 술도 먹고!

노동자들 재취업

상권 활성화

정부 세수 증가

금주법 시행의 부정적인 면

금주법 시대 밀주 제조업자들은
대량생산이 용이한
보드카와 진을 생산 유통하며
소비자들의 입맛이 바뀜

캐나다 위스키의 성장

이게 요즘 잘 나간다지

10년간 미국에서 캐나다, 스코틀랜드
위스키가 자리 잡으며
미국 위스키 경쟁력이 떨어짐

밀매업자, 밀주업자, 마피아가
큰 부와 권력을 가지게 됨

둘째 날
네 번째 잔

생명의 물이여
영원하라!

위스키의 시대

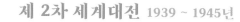

제 2차 세계대전 1939 ~ 1945년

제 2차 세계대전으로 인해 주류업계에는 1차 세계대전 때
와 같은 일들이 발생하며 영국이 유럽과의 교역 단절로 많은
증류소가 폐업하게 되었다.

판매되지
못하는 상황에서
강제 숙성됨

전쟁으로 인해
장기간 팔지 못한 위스키가
창고에서 숙성되며
전쟁 이후
오히려 고급 스카치 위스키로
인정받게 됨

위스키의 시대

전후 영국은 열정적으로 스카치 위스키를 홍보하였고 스코틀랜드의 대형화된 증류소에서 많은
양의 위스키가 생산되었고 공격적인 수출이 시작되었다.

스카치 위스키는 '스코틀랜드다움'이라는 인식을 심으며 스카치 위스키 산업 마케팅으로 활용하였다.

스카치 위스키하면 떠오르는 것들

위스키 내기 한 판?

골프

성공한 삶이라면 위스키와 함께

품위 품격을 가진 신사의 술

킬트

이 맛에 낚시하지

낚시

좋은 술에 음악이 빠질 수 있나?

음악(백파이프)

위 원트 싱글몰트!

SINGLE MALT WHISKY

과거 블렌디드 위스키에 비해 싱글몰트는 저평가되었던 술이었으나 대중들에게 큰 사랑을 받으며 품질 좋은 위스키는 구하기 어려운 귀한 신분이 되었다.

타우저

쥐 많이 잡아서
기네스북
등재되었어요.

1963년
글렌피딕,
처음으로 '싱글몰트'라는 단어를
적극 마케팅 활용하여,
싱글몰트라는 개념의 대중화 시작

1963 ~ 1987년
타우저towser,
글렌터렛The Glenturret 증류소
쥐들로부터 지킨 고양이로
큰 홍보 효과를 얻음

1994년
라프로익Laphroaig 싱글몰트,
로열 워런트 수여 받았다.
인기 있는 아일라 싱글몰트로
공항 면세점에서도
큰 사랑을 받고 있음

로열 워런트 (Royal Warrant)
영국 왕실 인증 허가 브랜드는
15세기부터 상인 혹은 기업에 부여한
영국 왕실 기업 보증 제도로
큰 영예와 신뢰의 상징이다.

위스키는
위스키 잔에

2001년
글렌캐런 크리스털,
최초로 위스키만을 위한 잔으로
'글렌캐런The Glencairn Glass' 개발

점차 사람들의 인식은 '적게 마시되, 더 좋은 술을 마시자'라는 생각을 가졌고 미국 증류 업자들은 미국의 고유 위스키를 다시 살리기 위해 노력한다.

대부분의 증류소가
켄터키와 테네시주에 모이게 됨

1953년
미국에서 빌 사무엘스가
'메이커스 마크Maker's Mark' 버번 제조

1964년
미국 의회에서는 버번 위스키를
미국 대표 상품으로 인정하며
버번이라고 표기하기 위한
구체적인 규정을 발표함

아티스트의
에너지는 술로부터!

1960-70년대
히피문화가 한창이던 때에
유명 아티스트들이
위스키를 즐기는 모습을
멋지고 아름답게 포장

1999년
버번 위스키 생산량이 두 배 증가

2004년
켄터키, 테네시, 펜실베이니아, 버지니아, 뉴욕의
많은 역사적인 장소와 증류소를 홍보하기 위해 아
메리칸 위스키 트레일이 시작됨

2007년
미국 국회에서는 9월을 국가 문화유산 버번의 달로 지정하며 '버번 위스키를 미국 고유의 술'로 선언

매일 위스키 맛을 보며
최고의 맛을 찾아갑니다.

1980년대 발베니의 마스터 블랜더 데이비드 스튜어트David Stewart에 의해 캐스크 피니시Cask Finish에 대한 시도가 이루어졌다.

기존에는 한 종류의 오크통에서만 숙성을 계속했다면 캐스크 피니시는 병입 전 몇 개월, 짧게는 몇 년을 다른 종류의 오크통에 채움으로써 다른 오크통의 향미를 입히는 역할로 선구적인 기술로 위스키 품질 향상에 깊은 영향을 미쳤다.

《만약 우리의 언어가 위스키라고 한다면》

인생의
시작과 끝은
위스키와 함께

작가 무라카미 하루키는 싱글몰트 위스키를 즐기는 것으로 알려져있다.

그는 스코틀랜드 여행 에세이인 《만약 우리의 언어가 위스키라고 한다면》를 출간하며, 위스키에 대한 애정을 드러냈다.

2010년
싱글몰트 위스키 장인 맥캘란과
크리스털 공예의 명가 라리끄가 함께 만든
세상에 하나뿐인 가장 비싼 위스키인
맥캘란 라리끄 서퍼듀
The Macallan in Lalique: Cire Perdue는
뉴욕 경매 5억 1,700만 원 낙찰되며
스카치 싱글몰트 위스키의 위상이
더욱 올라감

2019년
스카치 위스키 규칙 '유연성' 법 개정에 따라
사용되는 통의 종류와 관계없이,
스카치 위스키의 전통적인 색, 맛, 향의 특징을 지키는 조건으로
다양한 오크통을 자유롭게 사용하여
숙성시킬 수 있는 법이 발표

캐나다 위스키는 캐나다 역사보다 더 풍부하고 오랜 위스키 역사를 가지고 있다. 스카치 위스키와 버번 위스키에는 뒤처지고 있으나 세계적으로 많이 소비되는 증류주 중 하나이다. 최근 캐나다의 크래프트 증류소들은 실험적인 위스키를 개발하면서 진보적이고 혁신적인 위스키를 만들어가고 있다.

영화 속 위스키

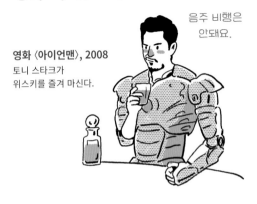

음주 비행은 안돼요.

영화 〈아이언맨〉, 2008
토니 스타크가
위스키를 즐겨 마신다.

스코틀랜드의 로얄 살루트
1953년
엘리자베스 2세 여왕 대관식 기념
특별 위스키 제작

영화 〈앤젤스 셰어: 천사를 위한 위스키〉, 2013
청년 백수인 주인공이 위스키 감별 재능으로
인생 반전을 꿈꾸는 영화

성공의 상징이랄까?

영화 〈기생충〉, 2019
기택 가족이
로얄살루트를 즐기며
부자가 된 것 같은 느낌을 받음

아이리시 위스키 부활

19세기 아일랜드에서 미들턴 증류소와 더블린이 위스키 생산의 중심지로 성장하였고 존 제임슨, 윌리엄 제임슨, 조지 로, 존 파워 등의 위스키 회사들이 거대 기업으로 성장하였다. 아일랜드인들의 열혈한 위스키 사랑으로 내수시장 활성과 수출로 큰 호황을 누렸다. 하지만, 아일랜드인들의 대규모 이민, 유럽의 경제 불황, 1차 세계대전, 아일랜드 내전, 영국과의 무역전쟁, 미국의 금주법 시행으로 위스키의 종주국을 외치던 아이리시 위스키 산업이 쇠퇴하며 역사 속에서 사라져가는 듯 보였다.

이러한 위기 속에서 아일랜드에서는 아이리시 위스키를 다시 살리기 위한 움직임이 일어나고 있다. 아이리시 위스키 업계는 세련되고 고급스러운 브랜드 인지도를 살렸고 독특한 맛과 편하게 접할 수 있는 특성으로 아이리시 위스키는 세계 위스키 시장에서 가장 빠르게 성장하는 증류주로 부활하고 있다.

올드 부쉬밀
증류소

북아일랜드

벨파스트

쿨리
증류소

아일랜드

더블린

리머릭

코크

뉴미들턴
증류소

1970년대
부쉬밀은 영국 전역 펍에서 유통되고
여러 주류회사를 거치며
세계적 브랜드로 성장해나감

쿨리 디스틸러리Cooley Distillery는
40개국 이상에 수출하며
성장 가도를 달리고 있음

2022년 미들턴 증류소(Midleton Distillery)는
아일랜드 탄소 중립 기여를 위한
로드맵을 그리며
향후 4년간 대규모 투자를 계획

1780년

아일랜드 더블린에서 탄생한
제임슨Jameson 위스키는
대표적인 아이리시 위스키로
커피와 위스키를 혼합해서 마시기도 한다.
최근 제임슨을 부드러운 과일 향으로 개량하며
제임슨 진저&라임 하이볼 형태의 칵테일로
마케팅하고 있으며
가성비 좋은 위스키로
세계 판매량이 증가 중

1966년

아일랜드 위스키 산업이 쇠퇴하며
살아남은 증류소들이 합병하여
위스키 회사
'아이리시 디스틸러스Irish Distiller' 설립

1988년

이후 세계에서 일곱 번째로
큰 주류 회사인
프랑스 페르노리카Pernod Ricard에 매각하며
세계 판매 매출 상승

세계에서
가장 빠르게
성장중입니다.

2022년
42개 이상의
증류소 운영

2021년
연간 판매량은
1,400만 건
(1억6,800만 병)

2019년
32개의
증류소 운영

1887년
28개의
증류소 운영

1972년
2개의
증류소 운영

"Irish Whiskey Tourism Strategy (2017)". Alcohol Beverages Federation of Ireland. Retrieved 12 June 2018
"Whiskey industry in Ireland". abfi.ie. Alcoholic Beverage Federation of Ireland. Retrieved 12 June 2019.
Carroll, Rory (4 July 2022). "Irish whiskey roaring back after decades of decline". The Guardian. Retrieved 7 July 2022.

일본 위스키

고레와 난데스까?

1852년 미국 해군 제독 매슈 페리가 군함에 버번 위스키를 싣고 일본 도쿄만 입항하였다. 이때 일본인들이 위스키에 대해 알게 되고, 1853년 미국과 교역을 하며 양주를 수입한다. 1867년 메이지유신 이후로는 위스키 수입이 증가한다. 이후 1970년대 중반까지 엄청난 양의 위스키를 수입하며 일본은 새롭게 떠오르는 위스키의 큰 시장으로 주목받는다.

스코틀랜드에서 배워왔습니다.

어릴 때 약재상으로 일하던 도리이 신지로鳥井信治朗는 1899년부터 와인 제조업을 시작으로 일본 대표 위스키 '산토리Suntory'를 1923년 야마자키에 최초 증류소 설립하여 일본의 대표 위스키 회사로 설립한다. 도리이 신지로와 함께 일본 위스키 산업의 아버지로 알려진 다케츠루 마사타카 竹鶴政孝는 스코틀랜드 유학을 통해 위스키 제조법을 배우고 산토리 증류소에서 최초의 일본산 위스키를 만드는 데 공헌하였다. 이후 산토리를 나와 '니카Nikka' 위스키 회사를 세웠다. 이 두 회사는 지금도 일본 위스키 산업의 1, 2위를 달리고 있다.

위스키 생산국

1990년대는 중국, 인도, 브라질 등 신흥 국가를 중심으로 위스키 소비가 증가하였으며 2010년대 후반 중국 젊은 부호들에게 투자 상품으로 희귀 위스키 수집 열풍이 불었다. 지금까지 스코틀랜드, 아일랜드, 미국 위스키를 중점적으로 다루었지만, 많은 나라가 위스키를 생산하고 있으며, 각자의 역사를 만들어가고 있다.

스페인 위스키 　프랑스 위스키 　스웨덴 위스키 　독일 위스키 　체코 위스키

중국 위스키

멕시코 위스키

이스라엘 위스키

남아프리카공화국 위스키

인도 위스키

대만 위스키

인도네시아 위스키

뉴질랜드 위스키

브라질 위스키

호주 위스키

둘째 날
다섯 번째 잔

술 좋아하기로는
둘째라면 서러운 우리나라가
위스키 역사에서
빠질 수 없죠.

대한민국 위스키 역사

조선시대

1876년 개항기 조선은 항구가 열리며 인천, 부산, 원산항에는 서양의 다양한 물품들이 들어오게 되었다. 중국과 일본을 통해 서양의 다양한 술 또한 조선으로 들어오게 되었는데, 위스키는 발음이 유사한 '유사길'이라는 한자 이름으로 위스키가 조선에 소개되면서 한반도의 위스키 역사가 시작되었다.

1882년
한성순보에서
위스키를 유사길로 표기

위스키라는
서양 술이라네

유사길?

1894년
영국 탐험가 이사벨라 버드 비숍은
조선의 젊은 양반들 사이에서
양주가 인기라고 전함

위스키
유사길

샴페인
상백륜

진
두송자주

럼
당주

대한제국 황실에서는 서양식 연회가 자주 열렸는데, 서양 요리를 준비하고 위스키를 구입하였다는 기록이 있다. 1910년에 발간된 황성신문에는 위스키는 건강에 도움을 주는 약재·약술이라고 광고하였다.

대한제국도
서양식 문화를
즐깁니다.

중국이나 일본으로 수입된 영국의 위스키가
조선으로 다시 수입됨

모던-보이, 모던-껄

   1930년대 서울에는 일본식 카페가 등장하기 시작하였고 여기서 위스키와 칵테일이 판매되었다. 일본에서 유행하는 위스키는 우리나라에서도 유행하게 되었고 일본이 태평양전쟁을 벌이며 제 2차 세계대전에 뛰어들기 전까지는 영국의 위스키가 우리나라에서 인기를 끌었다고 한다. 당시 서양의 유행과 멋을 추구하던 모던보이, 모던걸들이 서양 위스키를 즐겼다고 한다.

8.15 광복 이후 미군정 시대
살인 위스키 1945년

조선시대까지만 해도 각자 집에서 술을 빚어 먹었다. 하지만, 일제 강점기 때 이러한 문화가 통제되어 허가받은 양조장을 중심으로 술을 제조할 수 있었다. 광복 이후 1946년 미군의 임시 통치 기간 중 흉작으로 쌀값이 폭등하자 주식인 쌀로 만드는 막걸리의 제조를 일정 기간 정지시키는 미군정 상무 부령은 '양조 정지령'을 발령한다. 이에 많은 반발이 일어났고 술을 찾던 사람들은 위스키, 브랜디, 고량주와 같은 외국 술을 들여와 마시게 된다.

위스키는 사치품으로 유통이 엄격하게 통제되었고 쉽게 구할 수도 없었기 때문에 대부분 일반인은 위스키를 맛보기 어려웠다. 이러한 점을 노려 증류소주나 주정에 사과 껍질을 녹여 색만 위스키를 따라 한 위스키인 해림 고래표 위스키, 뉴스타 위스키, 태극 위스키, 화랑 위스키, 마라톤 위스키, 박커스 위스키, 녹용 위스키, 닭표 위스키와 같은 가짜 위스키들이 대거 등장하기 시작한다. 대부분의 사람들이 위스키를 잘 몰랐기 때문에 가짜 위스키가 유통되었고, 1947년 메틸알코올 섞은 '고래표 위스키'를 마시고 여러 명이 사망하는 사건이 발생하였다. 이러한 살인 위스키는 이 사건 이후에도 계속 발생하며 메틸알코올로 제조된 가짜 브랜디와 가짜 위스키를 마시고 죽거나 반신불수가 되고 눈이 먼 경우도 발생하였다.

아이고...

*메틸알코올
에탄올과 비슷한 향기가 있는 무색의 액체. 독성이 강하여 소량만 마셔도 시력 장애를 발생시킨다.

아, 취한다...

술을 먹지마시오

술은 전쟁보다 인명을 더 멸망 식힌다.

인생의 개막대한 저주를 끼친다.

가짜 위스키를 마시고 많은 사고가 발생하자 술에 대한 경고 문구를 동네마다 붙이기도 했다.

가짜 위스키로 아쉬움을 달래다 1950 ~ 1960년

　한국전쟁 이후 우리나라에서의 위스키는 한국에 주둔하던 미군의 보급품으로 들어온 소량의 위스키를 외부로 유통하는 경우가 대다수였다. 미군에서 일하던 사람들이 몰래 미군 보급품 중 일부를 빼돌려 시장에 내놓았는데 미군기지 주변의 상점이나 나이트클럽에서 유통되었고 양키 시장을 통해 일반인들도 구할 수 있게 되었다. 하지만 이러한 밀거래는 공급이 수요를 따라가지 못했다. 그래서 사람들은 위스키에 더욱 목이 마르게 되었는지도 모르겠다.

부산항

양키시장

　그렇게 위스키를 한번 마셔보고 싶던 사람들에게 일본 내에서 인기 있는 산토리의 도리스 위스키가 일본과 가까운 부산 쪽으로 밀수되어 국내에 소개되어 많은 인기를 얻었고 당시 정부에서는 일본 위스키를 불법판매 유통하지 못하도록 단속하기도 했다. 이를 노리고 부산에 있던 국제양조장에서 일본에서 수입된 위스키 향료와 색소, 주정을 배합하여 산토리의 도리스 위스키를 모방한 가짜 위스키를 제조하였다. 하지만 침략자였던 일본에 적대적이었던 사회의 분위기로 불법 상표 도용과 침략자들의 제품이라는 이유로 국제양조장 대표를 구속하였다. 도리스 위스키는 판매 중단되고 도라지 위스키라는 새로운 상표로 판매되었다. 도라지 위스키에는 도라지는 물론이고 위스키원액이 한 방울도 들어가지 않은 위스키 향이 나는 소주였다. 이러한 도라지 위스키가 인기를 끌며 국내에는 다양한 유사 위스키들이 등장하였다.

文化人의洋酒
문화인의 양주 **도라지 위스키**

도리스 위스키
산토리,
일본 위스키

도라지 위스키
도라지 양조,
국내 유사 위스키

리라 위스키
천연양조

쌍마 V.O 위스키

쌍마 위스키
왕십리 쌍마주조

백양 위스키
영등포 천양주조

월남 참전 군인을 위한 그렌알바 1964 ~ 1973년

국군은 미국의 지원 요청으로 베트남 전쟁 때 해외 파병을 하게 되는데, 8년간 32만 명의 국군이 해외 파병하여 베트남 전쟁에 참전하였다. 정부에서도 파병 군인을 위한 군납용 위스키를 제조하도록 하게 되는데, 이 위스키가 청양산업의 '그렌알바'이다. 하지만 그렌알바 또한 국산 주정에 위스키 원액 20% 미만을 섞은 기타 재제주로 위스키라고 하기엔 부족했다.

한국군들
니네가 위스키 맛을 알아?

정부의 국산 위스키 개발 작전 1970 ~ 1990년

1970년대
다방에서 위스키를 판매하기도 함

1975년
백화양조에서 만든
'조지드레이크'가
큰 인기를 얻음

*1843년,
영국 빅토리아 여왕이
스코틀랜드 시바스를
영국왕실
공식 공급업체 선정

1970 ~ 80년대
1979년 배경의 영화
〈남산의 부장들〉(2020)에서도
등장하는 시바스 리갈은
당시 다양한 위스키를
접하기 어려웠던
많은 사람들이
최고급 술로 알고 즐김

1976년
진로의 JR 위스키

1977년
길벗 위스키 출시

1977년
해태주조의 드슈 위스키 출시

위스키의 인기를 노린
기타 제품들

1988년 88서울올림픽 개최로 인해 국가적으로 모든 부분에서 대대적인 변화와 개선이 시작되었는데 그중 하나로 정부는 해외 방문객들에게 선보일 국산 특급 위스키 개발 작전이었다. 그로 인해 국내 주류회사들이 위스키 사업에 뛰어들게 되었다.

하지만, 국산 위스키 원액와 수입 위스키 원액을 블렌딩하여 만든 특급위스키 디프로매트, 다크호스는 정부의 기대와 달리 시장의 차가운 반응으로 돌아왔다.

패스포트 위스키
한국에 1984년 수입되어
폭발적인 인기를 얻으며
시장 점유율 49.3%로
1위를 달성

1987년
오비씨그램
썸씽스페셜

1994년
진로
임페리얼 12년

1997년
롯데칠성음료
스카치블루 21년

스카치 위스키 협회(SWA, The Scotch Whisky Association)는 국내 위스키가 위스키 제조 및 함량 규정에 미치지 못하는 기타 재제주로 분류하며, 위스키 이름을 사용하지 못하도록 시정 명령을 내린다.

주류 수입 자유화 정책으로 해외 유명 브랜드들과의 경쟁에서 밀린 국산 위스키 사업들은 전면 종료된다.

1990년대부터 2000년대 초에는 나이트클럽이나 룸살롱 등에서 일명 폭탄주로 위스키 소비가 주를 이뤄갔다.

위스키를 즐기는 많은 사람들 2000 ~ 2010년

1997년부터 2001년까지 IMF 외환위기를 겪고 이를 극복해나가며 2002 한일월드컵 개최와 꿈의 4강 진출 신화를 이루며 다시 한번 세계에 크게 한국을 알리게 된다.

다시 경제와 문화의 발전이 일어나며 이러한 시대적 흐름은 앞선 해외 여러 사례와 마찬가지로 술 문화에도 많은 영향을 끼치게 된다.

국내에도 여러 위스키가 출시되지만 큰 호응은 얻지 못한다.

2009년
골든블루 36.5도,
저도수 국산 브랜드 위스키

이거 한번 드셔보셔요

2010년
칵테일바 문화가 확산하며
싱글몰트가 소개되는 계기가 됨

2015년
김영란법(청탁금지법) 시행으로
비싼 술을 접대하는 문화가
많이 사라짐

윈저 17년
수년간
전 세계 슈퍼 프리미엄급
17년 이상 중
세계 판매량
1위를 기록함

2015년
페르노리카코리아
임페리얼 네온

2016년
윌리엄그랜드앤선즈
그린자켓

2016년
롯데칠성음료
블랙조커마일드

회사 회식문화의 변화로 부어라 마셔라 하는 술을 강요하는 분위기는 점차 줄어들었다. 대신 가까운 사람들과 음주문화를 고급스럽게 즐길 수 있는 와인, 사케, 전통주, 위스키가 인기를 얻으며 고급주류와 관련한 전문가들과 애호가들이 늘어나는 추세다.

대한민국은 위스키의 시대 2020년~

영화 〈소공녀〉(2018)에서 주인공은 "하루 한 잔의 위스키만 있다면 더 바랄 것이 없다"라며 영화 속에서 위스키에 대한 애정을 드러낸다. 분위기 좋은 위스키 바에서 한두잔씩 위스키를 즐기는 문화가 점차 늘어나고 있다.

우리나라의 위스키 산업은 위스키 원액을 수입하여 제조하는 단계에서 직접 원액을 생산하는 증류소들이 생겨나며 새로운 대한민국 위스키 역사를 만들어가고 있다.

하루 한 잔의 위스키만 있다면
더 바랄 것이 없다.

모임자제!

2019년
코로나바이러스 감염증의
세계적 대유행으로
사회적 거리 두기를 실시하며
여럿이 모이는
술자리, 식사 자리가
금지되고 어려워 짐

밥 먹을 땐
밥만!

이거
좋은 위스키야!

2019 ~ 2022년
홈술시대
코로나바이러스 대유행 장기화로
유흥업소가 아닌
집에서 즐기는 홈파티 문화가 확산하며
위스키는 집들이 선물로 인기를 얻음.
과거 위스키 구매자의 대부분은 남성이었지만,
지금은 여성이 위스키 소비 트랜드를 주도하고 있음

위스키를 편의점이나 마트 등에서도 쉽게 볼 수 있고,
혼술 문화가 확산됨.
적게 마시더라도,
맛과 향이 좋은 술을 마시고자 하는 소비자들이 늘어나며,
위스키의 소비가 늘어나고 있음

2020년

화요 x Premium 증류식 소주
오크통 숙성을 통해
한국 최초로 EU 공인 받은
싱글라이스 위스키로 호평받음

쓰리소사이어티스 증류소

2020년 생산을 시작한 쓰리소사이어티스 증류소는
2021년 한국 최초 싱글몰트 위스키 '기원'을 출시하며
국산 위스키 시대를 다시 열어가고 있음

김창수 위스키 증류소

2021년 생산을 시작하여
2022년 '우리나라도 위스키 만든다'라는
문구와 함께 첫 제품을 선보임

다양하고 희귀한 위스키를 즐길 수 있는 국내 독립병입 시장
도 확대되어 가며 애호가들은 희귀 작품을 수집하듯이 위스키
를 모으며 맛을 즐긴다.
우리나라 위스키 시장 또한 계속해서 확장하고 있다.

한국 위스키의 역사를 마무리하며

우리나라에 위스키가 소개된지는 100년이 넘었다. 60년 전까지만 해도 독극물이 들어있는 가짜 위스키들이 등장하기도 했지만 지금의 대한민국은 위스키에 대해 잘 알고 즐기는 애호가들이 많다.

또한, 위스키 구매에 대한 접근성이 매우 높아졌다. 스마트오더, 온라인 주류 구매로 집에서 편하게 자신의 취향에 맞는 전 세계의 다양한 위스키를 주문하고 맛볼 수 있게 되었다. 그리고 편의점에서도 위스키를 쉽게 볼 수 있다.

위스키의 인기는 날이 갈수록 커지고 있어 대형마트와 백화점에서는 인기 있는 위스키를 구하기 위한 오픈런 행렬이 이어지고 있다.

코리안 위스키는 현재 세금문제 때문에 어려움을 겪고 있지만 과거 영국과 미국의 사례에서 보듯이 정부정책이 잘 해결된다면 국내 위스키 업계는 또 한번 성장하지 않을까 기대한다. 국산 위스키가 국내 위스키시장은 물론 세계의 많은 나라에서 오픈런의 주인공이 되길 기대해 본다.

위스키 용어정리

가마
Kiln
건조 과정이 이뤄지는 장소

강화와인
Fortified Wine
와인의 한 종류로, 와인에 브랜디와 기타 주정을 추가하여 도수를 높이고 보관성을 높인 와인

건조
Kilning
보리를 발아 시킨 후 추가적인 보리의 생장을 멈추게 하는 단계

그레인
Grain
곡물을 뜻하나, 위스키에서는 맥아를 제외한 곡물들의 총칭

그린몰트
Green Malt
맥아를 만드는 과정에서 싹을 틔우고 건조를 시키기 전 상태의 보리

글렌
Glen
계곡이라는 뜻을 지닌 게일어이며, 다수의 스카치 위스키 증류소들의 이름이 산과 산 사이의 계곡에 위치하여 '글렌'이라는 단어로 시작.

나스 숙성연수미표기
NAS; Non-Age Statement
제품의 라벨에 숙성 연수와 관련된 정보를 미표기

내추럴컬러 논컬러드
Natural Colour; Non-Coloured
색소 미첨가

노징
Nosing
향을 맡는 행동

논칠필터링 비냉각 여과
Non-Chill Filtering
위스키를 단순 여과하여 차가운 온도에서 응고될 수 있는 지방산 등을 유지

논컬러드 내추럴컬러
Non-Coloured; Natural Colour
색소 미첨가

뉴 오크
New Oak; Virgin Oak
한 번도 숙성에 사용되지 않은 새 오크통

뉴메이크스피릿
New Make Spirit
증류 과정에서 2차 증류가 된 상태

니트
Neat
위스키에 다른 것을 첨가하지 않고 위스키 자체로 마실 수 있게 제공되는 방법

단식 증류
Pot Still Distillation
구리로 만들어진 증류기에서 워시를 1번 증류시키는 형태

담금
Steeping
수확한 보리를 물에 담아 수분을 흡수하고 발아를 시킬 수 있게 만들어주는 과정

당화 매시
Mash
위스키의 생산과정 중 하나로 녹말을 당분을 분해하는 과정. 뜨거운 물을 부어주거나, 끓이며 진행

당화조 매시 툰
Mash Tun
당화 과정을 진행하기 위해 분쇄된 곡물을 담고 당화가 진행되는 통

더블러
Doubler
미국 위스키에서 2차 증류시 사용하는 비교적 작은 사이즈의 증류기

독립병입
Independent Bottler
증류된 원액 혹은 숙성된 원액을 다른 증류소에서 구입하여 자신만의 방법으로 숙성, 블렌딩을 통해 출시된 위스키

로우 와인
Low Wine
낮은 도수의 술이라는 뜻으로 일반적으로 단식 증류 과정에서 워시 스틸에서 1차 증류를 마친 20~25도 정도의 술

로우랜드
Lowland
스코틀랜드 위스키 협회에서 규정하는 5가지 스카치 지역 분류 중 한 곳으로 조금 더 부드럽고, 가벼운 향미가 특징

롤러 밀
Roller Mill
맥아를 분쇄할 때 주로 사용되는 분쇄기 형태

리필
Refill
위스키를 숙성하는 증류소 기준, 오크통을 3회 이상 숙성에 사용

마스터 디스틸러
Master Distiller
증류까지의 모든 생산 과정, 스피릿 생산에 대한 모든 것을 총괄하는 직책

마스터 블렌더
Master Blender
숙성부터의 모든 생산 과정, 숙성 및 블렌딩을 통해 하나의 위스키로 완성하는 모든 것을 총괄하는 직책

매시 당화
Mash
위스키의 생산과정 중 하나로 녹말을 당분을 분해하는 과정. 뜨거운 물을 부어주거나, 끓이며 진행

이어서 ➡

매시 빌
Mash Bill
아메리칸 위스키를 만들 때 당화를 하기 위한 곡물의 배합비

매시 툰 당화조
Mash Tun
당화 과정을 진행하기 위해 분쇄된 곡물을 담고 당화가 진행되는 통

맥아 몰트, 엿기름
Malt
곡물을 싹을 틔워 건조시킨 것

맥아즙
Wort
당화 과정이 완료된 상태

메링
Marrying
위스키 생산과정 중 하나로 여러가지 숙성된 위스키 원액을 블렌딩하여 하나의 맛과 향을 가진 위스키로서 완성을 하는 과정

메링 툰
Marrying Tun
여러가지 숙성된 위스키 원액들을 블렌딩하여 하나의 맛과 향을 가진 위스키로서 완성을 하기 위해 담는 통

몰트 맥아, 엿기름
Malt
곡물을 싹을 틔워 건조시킨 것

몰팅
Malting
보리를 맥아를 만드는 과정

미들 컷 본류
Middle Cut
증류 과정에서 오크통 숙성에 사용되는 중간 부분 스피릿.

바리끄
Barrique
프랑스 지역에서 와인이나 꼬냑을 담는 목적으로 주로 사용도는 235~300리터 크기의 오크통

발아
Germination
맥아 제조 과정 중 하나로 보리에 싹을 틔우는 과정

발효
Fermentation
위스키의 생산과정 중 하나로 맥아즙에 효모를 첨가하여 알코올을 만드는 과정

발효조
Washback; Fermenter
당화 과정에서 만들어진 맥아즙을 채우고 효모를 넣어 발효가 이루어지는 통

배럴
Barrel
오크통을 의미하는 미국식 표현이면서, 일반적으로는 200L를 담는 사이즈의 오크통

배럴 프루프
Barrel Proof; Cask Strength
숙성 후 물을 희석하지 않은 위스키의 도수를 의미

배치
Batch
하나의 위스키를 생산하는 과정을 셀 때 부르는 단어. 2번째 생산 = 배치 2

버번 배럴
Bourbon Barrel
버번 위스키를 담았던 200L 사이즈의 오크통

버번 위스키
Bourbon Whiskey
한 번도 사용하지 않은 새 오크통에서 옥수수 51% 이상 사용한 미국에서 생산된 위스키

버진 오크
Virgin Oak; New Oak
한 번도 숙성에 사용되지 않은 새 오크통

버티컬
Vertical
테이스팅 방법의 한 가지로 같은 브랜드의 제품들을 여러가지 숙성 연수들을 비교 테이스팅하는 방법. 예시: 12년, 15년, 18년, 21년 시음

벗
Butt
400~500리터 정도 크기의 오크통

보틀드인본드
Bottled in Bond
위스키의 품질 관리를 위한 등급 명칭으로 51% 이상 사용한 아메리칸 위스키, 80도 이하 증류, 오크통에 62.5도로 통입하여 4년 이상 숙성한 제품에 사용될 수 있다

본류 하트
Heart; Middle Cut
증류 과정에서 오크통 숙성에 사용되는 중간 부분 스피릿

분쇄
Milling
위스키 생산과정 중 하나로 곡물을 당화에 용이한 크기로 만들어주는 과정

블렌디드 그레인 위스키
Blended Grain Whisky
여러 증류소에서 생산한 그레인 위스키 원액들을 블렌딩하여 만든 위스키

블렌디드 몰트 위스키
Blended Malt Whisky
여러 증류소에서 생산한 몰트 위스키 원액들을 블렌딩하여 만든 위스키

블렌디드 위스키
Blended Whisky
여러 증류소에서 생산한 그레인 위스키 원액과 몰트 위스키 원액들을 블렌딩하여 만든 위스키

블렌딩
Blending
위스키의 생산 과정 중 하나로 여러가지 위스키 원액들을 섞는 과정

산화
오크통 숙성에서 일어나는 변화 중 한 가지로 위스키가 오크통 속 공기와 접촉하여 새로운 맛과 향을 만들어내는 변화

세컨 필
Second Fill
위스키를 숙성하는 증류소 기준, 오크통을 2회 숙성에 사용

센티리터
cl; Centi Liter
용량 표기 방법 중 하나로 10배를 하면 ml로 환산

셰리 와인 쉐리
Sherry Wine
오크통 숙성에서 일어나는 변화 중 한 가지로 위스키가 오크통 속 공기와 접촉하여 새로운 맛과 향을 만들어내는 변화

수율
Yield
일정한 단위의 곡물에서 생산할 수 있는 알코올의 양의 비율

숙성연수미표기 나스
NAS; Non-Age Statement
제품의 라벨에 숙성 연수와 관련된 정보를 미표기

숙성연수표기
Age Statement
제품의 라벨에 숙성 연수와 관련된 정보 표기

술덧
Wash
맥아즙에 효모를 넣고 발효가 진행된 상태로 증류 직전 단계의 상태

스마트오더
Smart Order
2020년 주류의 통신판매에 관한 명령 위임 고시 개정안과 함께 시행된 제도로, 주류를 구매할 때 핸드폰, 인터넷과 같이 스마트 기기로 온라인 선 주문 및 결제 후 오프라인에서 주류 픽업을 하는 방법

스몰 배치
Small Batch
적은 수량의 오크통을 이용하여 만들 때 붙이는 명칭

스카치 위스키
Scotch Whisky
영국 스코틀랜드 지역의 위스키로 스카치 위스키 협회의 기준에 준수된 위스키

스카치 위스키 협회
Scotch Whisky Association
스카치 위스키에 대한 연구와 관련 규정들을 제정하는 스카치 위스키 증류소들의 단체.

스트레이트
Straight
1. 위스키의 품질 관리를 위한 등급 명칭으로 51% 이상 사용한 아메리칸 위스키, 80도 이하 증류, 오크통에 62.5도로 통입하여 2년 이상 숙성한 제품에 사용될 수 있다
2. 위스키에 다른 것을 첨가하거나 가공하지 않고 위스크 자체로 즐기는 테이스팅 방법

스페이사이드
Speyside
스코틀랜드 위스키 협회에서 규정하는 5가지 스카치 위스키 지역 분류 중 한 곳으로 면적 대비 증류소의 밀집도가 가장 높음. 피트를 사용하는 증류소가 타 지역 대비 적으며, 사과, 배 꿀, 바닐라의 향미가 특징

스피릿
Spirit
증류

싱글 배럴 싱글 캐스크
Single Barrel; Single Cask
하나의 오크통에서만 나온 위스키 원액을 이용한 위스키에 붙이는 명칭

싱글 위스키
Single Whisky
하나의 증류소에서 생산한 위스키 원액들을 블렌딩하여 만든 위스키

싱글 캐스크 싱글 배럴
Single Cask; Single Barrel
하나의 오크통에서만 나온 위스키 원액을 이용한 위스키에 붙이는 명칭

싱글 그레인 위스키
Single Grain Whisky
하나의 증류소에서 생산한 그레인 위스키 원액들을 블렌딩하여 만든 위스키

싱글몰트 위스키
Single Malt Whisky
하나의 증류소에서 생산한 몰트 위스키 원액들을 블렌딩하여 만든 위스키

아메리칸 오크
American Oak
아메리카에서 자란 나무

아일라 아일레이
Islay
스코틀랜드 위스키 협회에서 규정하는 5가지 스카치 위스키 지역 분류 중 한 곳으로 대다수의 섬 사람들이 위스키 생산에 참여를 하고 있으며 스모키하고 요오드의 향미가 특징

업
Up
위스키를 차갑게 하여 마시는 테이스팅 방법

에이비브이
ABV; Alcohol Based Volume
ABV. Alcohol Based Volume. 도수 표기 방법의 한 가지로 술의 부피 대비 알코올의 부피를 의미 (단위 %)

여과
Filteration
1. 오크통 숙성에서 일어나는 변화 중 한 가지로 오크통 속 위스키가 오크 속을 오가며 좋지 않은 성분들이 걸러지는 과정
2. 숙성된 위스키의 불순물들을 걸러내는 과정

연속식 증류
Column Distillation
증류기에서 워시를 여러 단계의 증류 과정을 계속 반복하는 형태

엿기름 맥아, 몰트
Wort
곡물을 싹을 틔워 건조시킨 것

옥타브
Octave
1/8 사이즈의 오크통을 뜻하며 40~50 리터 크기의 오크통

온더락
On the rock
얼음에 위스키를 부어 마시는 테이스팅 방법

워시
Wash; Distiller's Beer
맥아즙에 효모를 넣고 발효가 진행된 상태로 증류 직전 단계의 상태

이어서 ➡

워시백
Washback ; Fermenter
당화 과정에서 만들어진 맥아즙을 채우고 효모를 넣어 발효가 이루어지는 통

이탄 피트
Peat
습지 지대의 유기물이 퇴적되었으나 석탄화가 덜 된 퇴적물. 맥아를 발아 후 건조시킬 때 사용

재패니즈 위스키
Japanese Whisky
일본에서 모든 생산과정이 100% 진행된 위스키 또는 다른 나라에서 스피릿이나 원액을 수입하여 숙성과 병입 단계만 일본에서 이뤄진 위스키

증류
Distillation
위스키 생산 과정 중 하나로 발효된 워시를 높은 온도로 끓여 높은 도수의 알코올을 추출해내는 과정

증발
Evaporation
오크통 숙성에서 일어나는 변화 중 한 가지로 주변의 온도, 습도에 의해 알코올 혹은 물이 공기 중으로 기화되는 과정

챠링
Charring
오크통의 내부를 높은 온도의 불로 단시간 태워 나무가 가진 성분들을 끌어내는 과정

초류 헤드
Head; Foreshot; First Cut
증류 과정 초기에 나오는 높은 도수의 스피릿으로 여러가지 향미 성분들이 많이 포함되어 있지만, 메탄올 등 인체에 치명적인 성분이 포함되어 재증류에 사용

추출
Extraction
오크통 숙성에서 일어나는 변화 중 한 가지로 오크통이 가진 성분들이 위스키로 배여나오는 과정

칠필터링 냉각 여과
Chill Filtering
위스키를 낮은 온도에서 여과하여, 차가운 온도에서 응고되는 지방산 등을 제거

캐스크 스트랭스
Cask Strength
숙성 후 물을 희석하지 않은 위스키의 도수를 의미

캠벨타운
Campbeltown
스코틀랜드 위스키 협회에서 규정하는 5가지 스카치 위스키 지역 분류 중 한 곳으로 소금, 스모크, 바닐라 등의 풍부한 향미가 특징

컷
Cut
증류 과정에서 오크통에 숙성될 맛과 향이 좋은 스피릿을 선별하는 과정

쿠커
Cooker
당화 과정에서 곡물에 따라 다른 온도의 열을 가해주기 위한 장치

쿼터
Quarter
1/4 사이즈의 오크통을 뜻하며 스카치에서는 벗 사이즈의 오크통을 기준으로 100~125리터 정도 크기의 오크통을 의미하며, 미국 위스키에서는 배럴 사이즈를 기준으로 하기에 50L 오크통을 의미하기도 함

키 몰트
Key Malt
블렌디드 위스키를 만드는데 사용되는 여러 증류소의 위스키 원액 중 맛과 향의 중심을 잡아주는 중요한 역할을 가진 위스키 원액

테네시 위스키
Tennessee Whiskey
버번 위스키와 달리 추가적으로 숯 여과 과정이 포함된 미국 테네시 지역의 위스키

테이스팅노트
Tasting Note
위스키 맛과 향의 기록, 위스키 제품 혹은 패키지에 위스키를 만든 마스터블렌더의 테이스팅 노트가 적혀있기도 하다

테일 후류
Tail; Feint; Last Cut
증류 과정에서 본류 이후에 나오는 스피릿으로 마실 수는 있지만 맛과 향이 좋지 않아 재증류에 사용

토스팅
Toasting
오크통의 내부를 낮은 온도의 불로 장시간 가열하여 나무에 있는 불순한 물질들을 제거하는 과정

통입
Filling
오크통에 스피릿을 채우는 과정

파고다
Pagoda
맥아를 만드는 과정에서 건조를 시킬 때 사용하기 위해 개발된 환풍 시설. 맥아를 직접 제조하는 곳이 사라져 용도는 사라졌지만 증류소를 상징하는 건축물

팟 스틸
Pot Still
구리로 만들어진 큰 항아리 모양의 증류기

퍼센트 %
Percent
도수 표기 방법의 한 가지로 술의 부피 대비 알코올의 부피를 의미하는 단위

퍼스트 필
First Fill
위스키를 숙성하는 증류소 기준, 오크통을 처음으로 숙성에 사용

펀천
Puncheon
500-700리터 정도 크기의 오크통을 의미

포트 와인
Port Wine
포루투갈의 북부 도오루 지역에서 생산되는 강화 와인

프루프
Proof
도수 표기 방법의 한 가지. 미국식과 영국식이 있으며 미국식의 경우, 우리가 나는 % 도수의 2배

피트 이탄
Peat
습지 지대의 유기물이 퇴적되었으나 석탄화가 덜 된 퇴적물. 맥아를 발아 후 건조시킬 때 사용

하이랜드
Highland
스코틀랜드 위스키 협회에서 규정하는
5가지 스카치 위스키 지역 분류 중 한
곳으로 가장 많은 범위를 차지

하트 본류
Heart; Middle Cut
증류 과정에서 오크통 숙성에 사용되
는 중간 부분 스피릿

하프
Half
위스키를 주문할 때 서브 기준 용량에
서 절반의 양만 주문하는 방법

핫리쿼 탱크
Hot Liquor Tank
발효조로 이동되지 않고 다음 당화 과
정의 첫번째 물로 사용되기 위한 맥아
즙을 저장하는 탱크

해머 밀
Hammer Mill
껍질이 약한 곡물들을 일정한 크기로
분쇄할 때 사용되는 분쇄기 형태

핸드필
Hand Fill
오크통에서 위스키를 직접 병에 담는
행동

헤드 초료
Head; Foreshot; First Cut
증류 과정 초기에 나오는 높은 도수의
스피릿으로 여러가지 향미 성분들이
많이 포함되어 있지만, 메탄올 등 인체
에 치명적인 성분이 포함되어 재증류
에 사용

헤이즈 혼탁현상
Haze
냉각 여과를 진행하지 않았을 때 차갑
게 하였을 때 지방산 등이 응고되면서
뿌옇게 변하는 현상

혹스헤드
Hogshead
230~250리터 정도 크기의 오크통을
의미

환류
Reflux
증류기 내에서 일어나는 현상으로 기
화된 술이 증류기 내벽에 부딪히며 다
시 액화되는 현상

후류 테일
Tail; Feint; Last Cut
증류 과정에서 본류 이후에 나오는 스
피릿으로 마실 수는 있지만 맛과 향이
좋지 않아 재증류에 사용

위스키 연표

	1600년대 이전	1600년대	1700년대
스코틀랜드	**1490년대** 이때부터 아쿠아 비테를 만들었다는 기록이 있음	**16c** 이발외과 의사에게 아쿠아 비테 제조 독점 권한 부여	**1707년** 잉글랜드·스코틀랜드 연합왕국 형성 영국 정부의 과도한 세금으로 에든버러, 글래스고 지역에서 몰트세에 반발하는 대규모 폭동 발생
아일랜드	**5c** 파트리치오 수도사가 증류 기술을 활용한 이슈카 바하 개발	**1608년** 북아일랜드 부쉬밀 증류소, 전세계에서 가장 오래된 증류소 면허 획득	**1780년** 아일랜드를 대표하는 제임슨 위스키 탄생
미국	아메리카 유럽 정착인들이 새로운 터전에서 위스키를 제조하기 시작 아메리카 원주민들의 옥수수술을 교류		**1783년** 켄터키주 루이빌에서 켄터키주 최초의 상업 증류소 에반 윌리엄스 설립 **1789년** 일라이저 크레이그는 위스키 제작 과정에 오크통 탄화 방식을 도입
전 세계	**1347~1351년** 흑사병이 유행하며, 스피릿이 흑사병 예방에 효과가 있다고 믿음		

1800년대

1784년
발효법 실시,
하이랜드에서는
증류기 용량기준,
로우랜드는
워시액 기준으로 과세

1780년대
소규모 증류소들
깊은 산속으로 들어가
불법 증류

1820년
조니워커 탄생

1823년
영국, 합법적 위스키를
만들도록 하기 위해
'특별소비세법'으로
증류 업자들의
세금 부담을 줄임

1824년
더 글렌리벳,
스코틀랜드에서 처음으로
위스키 제조 면허 취득

1824년
맥캘란 생산

이어서 ➡

1831년
아일랜드 이니어스 코페이,
로버트 스타인이 발명한
연속식 증류기
개량하여 특허신청.
빠르고 효율적인
위스키 생산이 가능.

1791년
미 정부는
국내 소비세를 신설해
위스키 제조에 주력하던
펜실베니아 농민들에게
큰 타격을 줌

1791~1794년
펜실베니아 조지아주에서
대규모 위스키 폭동발생.
미 정부는 대규모 군대로
폭동을 무력진압

1823년
제임슨 크로우 박사가
버번 위스키의 새로운 변화,
사워매시 공법 연구 및 배포

1840년
그레인 위스키의 원료로
옥수수가 주목받으며,
버번이라는 명칭이
라벨에 공식적으로
표기 시작됨

1850~1890년대
서부 개척 시대에
위스키 한 잔과 총알 하나를
바꿀 수 있는 용량인
샷 글라스 사용

1866년
잭 다니엘스,
미국 최초
정부 공인 증류소 탄생

1801년
존 몰슨에 의해
캐나다에서
상업 위스키 생산 시작

1863년
포도나무에 기생하는
필록세라 진드기로 인해
유럽의 포도밭 황폐화,
위스키 시장 활성화

위스키 연표

	1800년대		1900년대
스코틀랜드	**1850년대** 앤드류 어셔, 연속식 증류기를 사용하여 블렌디드 스카치 위스키 대량 판매 시작 **1887년** 글렌피딕 위스키 생산 시작	**1899년** 위스키를 블렌딩 및 판매하 며 성장한 패티슨 회사가 파산하며, 스코틀랜드의 위스키 회사, 증류소, 채권자들은 큰 피해를 보게 입음	**1953년** 엘리자베스 2세 여왕 대관식 기념 특별 위스키 로얄 살루트 제작 **1963년** 글렌피딕 증류소, 100% 하나의 위스키 증류소 원액 사용
아일랜드			**1922~1923년** 아일랜드 내전 **1966년** 아일랜드 위스키 산업 쇠퇴로 인해, 위스키 증류소들이 합병하여 '아이리시 디스틸러스'설립
미국			**1920~1933년** 미 금주법 시행 **1933년** 금주법 종료
전 세계	**1897~1910년** 대한제국 황실에서 열린 서양식 연회에서 위스키를 구입함		**1914~1918년** **제1차 세계대전** 주조가 제한되고, 인력들이 전쟁터에 끌려가면서 공백 발생

2000년대

1994년
라프로익 싱글몰트,
영국 왕실 기업 보증 제도인
로열 워런트 수여

2001년
글렌캐런 크리스털,
위스키만을 위한 잔
'글렌캐런' 개발

2010년
싱글몰트 장인 맥캘란과
크리스털 공예의 명가
라리끄가 만든
맥캘란 라리끄 서퍼듀가
뉴욕 경매
5억 1,700만원에 낙찰

2019년
스카치 위스키 규칙
'유연성' 법 개정

1970년대
부쉬밀 위스키,
영국 전역 펍 유통.
이후 여러 주류회사를 거쳐
세계적 브랜드로 성장

2022년
미들턴 증류소,
아일랜드 탄소 중립
기여를 위한
로드맵 계획 발표

1964년
의회에서 버번 위스키를
미국 대표 상품으로 인정,
버번이라고 표기하기 위한
구체적인 규정 발표

1960~1970년대
유명 아티스트들이
위스키를 즐기는 모습을
멋지고 아름답게 묘사

2004년
미 여러 지역의
역사적 장소와
증류소 홍보를 목적으로
'아메리칸 위스키 트레일'
시작

2007년
국회에서 9월을
국가 문화유산
버번의 달로 지정,
버번 위스키를
'미 고유의 술'로 선언

1923년
도리이 신지로,
일본 대표 위스키 회사
산토리 설립

1934년
다케츠루 마사타카,
니카 위스키 회사 설립

**1939~1945년
제2차 세계대전**
영국과 유럽의
교역 단절 등을 통해
수많은 증류소 폐업

참고문헌

첫째 날

단행본

1. Dave Broom. 《Whisky: The Manual》. Mitchell Beazley. 2014.

2. Lew Bryson. 《Whiskey Master Class (The Ultimate Guide to Understanding Scotch,Bourbon, Rye, and More)》. Harvard Common Press. 2020.

3. Lew Bryson, David Wondrich(FRW). 《Tasting Whiskey (An Insider's Guide to the Unique Pleasures of the World's Finest Spirits)》. Storey Publishing. 2014.

4. Rob Arnold. 《The Terroir of Whiskey: A Distiller's Journey Into the Flavor of Place》. Columbia University Press. 2020.

5. Dave Broom. 《The World Atlas of Whisky》. Mitchell Beazley. 2014.

6. Eddie Ludlow. 《Whiskey: A Tasting Course (A New Way to Think and Drink Whiskey)》. DK Publishing. 2019.

7. Dave Thomas. 《The Craft Maltsters' Handbook》. White Mule Press. 2014.

8. Ingvar Ronde. 《Malt Whisky Yearbook 2021 (The Facts, the People, the News, the Stories)》. MagDig Media Ltd; 16th New edition. 2020.

9. Ingvar Ronde. 《Malt Whisky Yearbook 2022 (The Facts, the People, the News, the Stories)》. MagDig Media Ltd; 16th New edition. 2021.

10. 이종기, 문세희, 배균호, 김재호 지음. 《증류주개론》. 광문각. 2016.

11. 조승원 지음. 《버번 위스키의 모든 것(술꾼의 술, 버번을 알면 인생이 즐겁다)》. 싱긋. 2020.

12. 김성욱 지음. 《위스키 안내서(초보 드링커를 위한)》. 성안당. 2022.

통계 참고 기사

손서영. 〈소주보다 양주 더 팔렸다…대형마트 주류 매출 비중 역전〉. KBS. 2023.03.20. 경제. https://news.kbs.co.kr/news/view.do?ncd=7630169&ref=A

둘째 날

단행본

1. 무라카미 하루키 글, 무라카미 요오코 사진 지음, 이윤정 옮김.《만약 우리의 언어가 위스키라고 한다면(내 취향에 딱 맞는 125가지 위스키 수첩)》. 문학사상. 2020.
2. 미카엘 귀도 지음, 임명주 옮김.《위스키는 어렵지 않아》. 그린쿡. 2018.
3. 케빈 R. 코사르 지음, 조은경 옮김.《위스키의 지구사(식탁 위의 글로벌 히스토리)》. 휴머니스트. 2016.
4. 김성욱 지음.《위스키 안내서(초보 드링커를 위한)》. 성안당. 2022.
5. 성중용 지음,《위스키 수첩(내 취향에 딱 맞는 125가지 위스키)》. 우듬지. 2010.
6. 이사벨라 버드 비숍 지음, 이인화 옮김.《한국과 그 이웃나라들》. 살림출판사. 1994.
7. 아담 로저스 지음, 강석기 번역.《프루프(술의 과학)》. MID 엠아이디. 2015.
8. 전국역사교사모임 지음.《살아있는 세계사 교과서 2(21세기, 희망의 미래 만들기)》. 휴머니스트. 2005

논문

이정희 지음.〈대한제국기 원유회 설행과 의미〉. 한국음악연구 45권. pp.353-389. 2009.

그림 참조 기사

경향신문. 1960년 3월 1일. 도라지 위스키.
동아일보. 1975년 12월 27일. 죠지 드레이크 발매.
매일 경제. 1976년 12월 6일. JR 위스키 발매.
동아일보. 1977년 8월 8일. 해태주조 드슈.
경향신문. 1977년 7월 28일. 길벗 출시.
동아일보. 1984년 7월 7일. 패스포트 출시 광고.
동아일보. 1987년 3월 5일. 오비씨그램 디프로매트 출시 광고.
동아일보. 1987년 3월 4일. 진로 다크호스 출시 광고.
매일경제. 1987년 9월 5일. 국산 특급위스키 판매부진.
썸싱 스페샬 광고. 1986년.

웹사이트

www.longblack.co/note/573 (롱블랙 프렌즈 L)

www.thegentlemansflavor.com

www.dinemagazine.ca/canadian-whisky

www.bottleneckmgmt.com (Whiskey History: A Timeline of Whiskey)

www.whiskyshop.com/

www.hani.co.kr/arti/specialsection/esc_section/969618.html

www.legislation.gov.uk (Scotch Whisky Act 1988)

www.royalwarrant.org

http://whiskyportal.com/

proximospirits.com (bushmills)

www.iwsc.net/news (Outstanding Achievement in the Scotch Whisky Industry: David Stewart MBE)

https://www.history.com (whiskey-rebellion, Prohibition)

https://www.history.com (How 19th-Century German Immigrants Revolutionized America's Beer Industry. 2022. IVÁN ROMÁN)

blog.naver.com/themacallan

commons.wikimedia.org (Whiskey Insurrection)

www.scotchwhisky.com/magazine (NEW SCOTCH RULES AIM TO ADD FLEXIBILITY)

www.esquirekorea.co.kr/article/35225

https://elijahcraig.com/

scotchwhiskyexperience.co.uk (The Origins and History of Whisky)

www.glasswithatwist.com/articles (The History of Canadian Whisky)

www.whisky.com/whisky-history/bourbon

thewhiskeywash.com

www.thespiritsbusiness.com

www.suntory.com

www.jackdaniels.com

www.nikka.com

www.ibec.ie/drinksireland/news-insights-and-events

www.oldforester.com

www.fortycreekwhisky.com

www.hwayo.com

www.drinksindustryireland.ie

www.instagram.com/three_societies

www.threesocieties.co.kr

www.instagram.com/kimchangsoodistillery

한국인을 위한
슬기로운
위스키생활